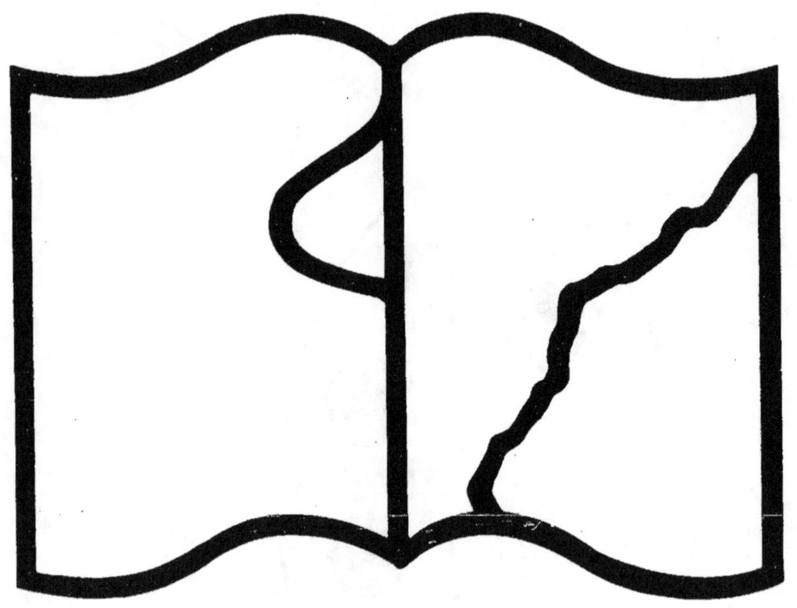

Texte détérioré — reliure défectueuse

NF Z 43-120-11

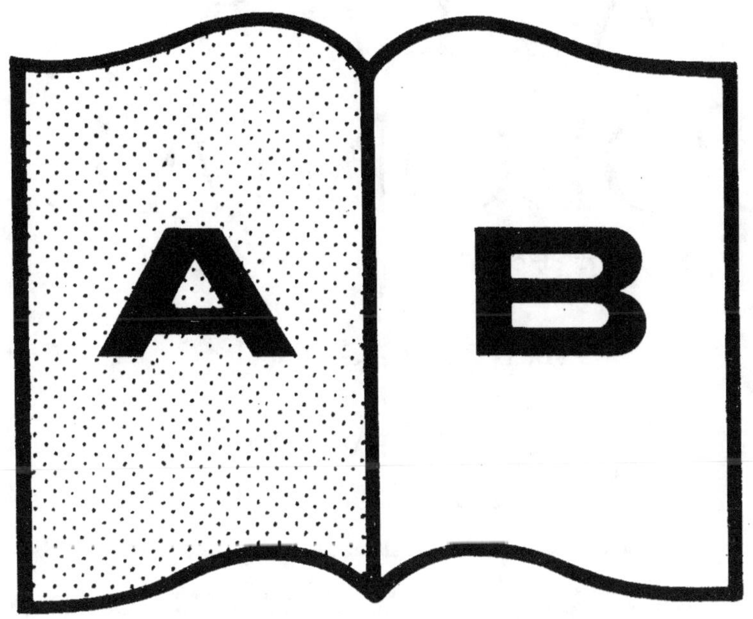

Contraste insuffisant

NF Z 43-120-14

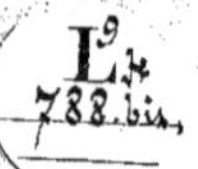

Ouvrage honoré de Souscriptions par le Ministère de l'Instruction publique, le Ministère de l'Agriculture, le Ministère de la Marine et le Ministère du Commerce, de l'Industrie et des Colonies.

ATLAS COLONIAL

Édition Populaire et Classique

par

HENRI MAGER

avec Texte par

A. JACQUEMART

Ancien Inspecteur de l'Enseignement Primaire à Paris, Officier de l'Instruction Publique,
Député des Ardennes.

TEXTE RÉSUMANT LES REMARQUABLES TRAVAUX DE LA GRANDE ÉDITION DUS A MM. :

Amiral **Aube**, Charles **Bayle**, Paul **Bert**, **Bouquet de la Grye**, de **Cambourg**, Dr **Colin**, **Coudreau**, Henri **Deloncle**, Jean **Dupuis**, **Durassier**, **Dutreuil de Rhins**, Général **Faidherbe**, Félix **Faure**, Colonel **Fulcrand**, **Gaffarel**, **Girard**, **Grandidier**, **Harmand**, **Henrique**, **Higginson**, **Isaac**, de **Lanessan**, Amiral **Layrle**, **Lemire**, le **Myre de Vilers**, le **Savoureux**, de **Lesseps**, **Levasseur**, **Mac Cleaner**, Henri **Mager**, F. de **Mahy**, **Mattei**, **Mondon**, **Montclar**, **Moreau**, Dr **Néis**, E. **Raoul**, de la **Richerie**, de **Rivoyre**, **Romanet du Caillaud**, **Soleillet**, **Viard**, Colonel **Vincent**, **Waubert**, etc.

LISTE DES CARTES

PRIX : **1** FR. **75**

LIBRAIRIE DU JOURNAL **LA GÉOGRAPHIE**, 16, RUE DE L'ABBAYE, PARIS

1890

LES COLONIES FRANÇAISES AU XVII° SIÈCLE

A ceux qui, par ignorance du passé, ou dans je ne sais quel but intéressé, crient bien fort que nous ne sommes pas colonisateurs, répondons que si nous avons perdu nos plus belles Colonies, grâce aux malheureuses guerres du règne de Louis XV et du premier Empire, nous n'en avons pas moins été, à la fin du XVII° siècle, les premiers colonisateurs du monde! Nous avons eu le Canada et Terre-Neuve, où les 60,000 Français abandonnés en 1763 sont devenus aujourd'hui 2 millions et se rappellent leur origine. Nous avions à la fois la Louisiane, la Guyane, à peu près toutes les Antilles, le Sénégal, Madagascar, Bourbon, l'Ile de France, l'Inde Immense! Est-ce qu'au Canada, est-ce qu'à Maurice, est-ce qu'à la Louisiane, est-ce que partout on n'a pas conservé le souvenir vivace, la langue, les habitudes, les mœurs, et, j'ajoute, l'amour de la France? Est-ce que les indigènes de tous ces pays ne se rappellent pas que notre race active, bienveillante, habile à prendre les mœurs des vaincus, plus apte à produire qu'à détruire, comme l'a dit Paul Bert, a su coloniser et civiliser leurs pays sans anéantir leurs races?

OBOCK ET DJIBOUTIL

Par sa situation sur la route de l'Europe aux Indes, en face d'Aden sur la côte d'Ethiopie, la nouvelle Colonie que la France organise depuis 1856 sous le nom d'Obock, a pour notre pays une importance de premier ordre. L'occupation d'Obock est d'autant plus nécessaire à nos intérêts dans l'Extrême-Orient, qu'elle affranchit de l'obligation de relâcher dans un port anglais nos navires qui se rendent aux Indes, dans l'Indo-Chine, au Tong-king ou à Madagascar.

— Cette possession nous assure la libre navigation de la mer Rouge, du détroit de Bab-el-Mandeb; elle ouvre à notre commerce et à notre industrie les riches et populeuses régions de l'Ethiopie méridionale, le Choa, le Kaffa, ainsi que les pays de l'Afrique du Sud.

— Le pays d'Obock a un climat excessivement chaud; il est cependant sain, car la chaleur y est sèche et même souvent tempérée par la brise de mer. Ses rochers noirs et rouges, ses plateaux mamelonnés, ses torrents, presque perpétuellement desséchés, lui donnent, plus qu'à aucune autre région, l'aspect désolé d'une terre brûlée et complètement aride.

— Au mois de mars 1888 a été ouvert, sur la côte Somali, en face Obock, sur la rive méridionale de la baie de Tadjoura, le port de Djibouti. Djibouti sera le point commercial de notre Colonie, ce sera la porte d'entrée sur les vastes contrées du Harrar et du pays Gallas. Obock, mieux placé sur le passage des paquebots rapides, restera notre point de transit à l'entrée de la Mer-Rouge.

Commerce. Production. — La côte est très poissonneuse, on y pêche la tortue, la nacre, puis une espèce de requin dont les ailerons desséchés sont l'objet d'une grande consommation chez les Indes et en Chine. Il s'importe à Maurice, à la Réunion, à Madagascar, de grandes quantités de poissons salés (smook ou tasar). Sur tout le rivage on peut établir des salines, dont le sel, denrée partout de première nécessité, s'écoulera dans les Indes et l'Afrique Centrale. Le mimosa et le palétuvier, par leurs écorces riches en tannin, peuvent devenir l'objet d'opérations industrielles et commerciales. Il en est de même du cocotier et du filao. Nous pourrons vendre aux indigènes des tissus, du fil de laiton, de l'acier, du fer.

CHEICK-SAID

Le territoire de Cheick-Saïd, qui nous appartient depuis 1868, est situé à l'entrée méridionale de la Mer Rouge, en face de l'île Périm, occupée par les Anglais, et qui commande le détroit de Bab-el-Mandeb; cela suffit pour montrer l'importance pour nous de la possession de Cheick-Saïd, qui peut devenir une station navale de premier ordre par la construction d'un port militaire. Nous sommes déjà maîtres de la rive africaine du détroit par notre position d'Obock; la France peut donc, si elle le veut, tenir son rang et sauvegarder ses intérêts coloniaux dans ces régions maritimes, quoi qu'il puisse arriver.

MAYOTTE ET COMORES

Mayotte constitue avec la Grande-Comore, Anjouan et Mohéli, le groupe des îles Comores situé entre la Côte Orientale d'Afrique et la pointe nord de Madagascar. Mayotte, qui appartient à la France depuis 1843, est à peu près à égale distance des deux états; les communications avec la France se font mensuellement par la ligne de la Réunion et Maurice à Madagascar (Tamatave), Diégo-Suarez, Nosi-Bé, Mayotte, Zanzibar, Aden, Obock et Marseille. Par ce service, Mayotte doit devenir l'entrepôt du commerce entre Madagascar et la Côte Orientale d'Afrique. Que la France veille, cependant; l'Angleterre, qui connaît Mayotte, sa fertilité, ses beaux ports, la convoite depuis longtemps, de même que toutes les îles situées au nord-ouest de Madagascar : les Glorieuses (reconnues propriété d'un Français depuis dix ans), les Cosmo-Ledo, l'Assomption, Astove, les Aldabra. Si la France n'y prend garde, l'Angleterre se glissera dans ces îles, malgré nos droits reconnus.

La population de Mayotte est de 10,000 habitants, presque entièrement de la race noire.

La Grande-Comore était peuplée, il y a 4 ou 5 ans, de 80,000 habitants, tous musulmans. Ils vivent de riz, mais en récoltent que le quart de ce qu'ils consomment.

Un botaniste français, M. Humblot, a exploré l'intérieur, il y a vu de magnifiques forêts, des pâturages, des richesses agricoles considérables. L'aspect de la côte aride au contraire supposer une terre infertile et désolée.

Anjouan a 40 kilomètres sur 35 de large, sa population est à peu près 2,000 habitants, tous musulmans.

Mohéli possède 6,000 habitants; le climat est sain et le sol fertile.

Là encore l'Angleterre fait tout ce qu'elle peut, même des actes de piraterie, pour contrebalancer notre influence.

Malgré les résistances de l'Angleterre, les Comores sont nécessairement sous notre protectorat, notre influence y grandira rapidement; nous y avons déjà fondé des écoles françaises où les jeunes indigènes apprendront notre langue. La situation de l'archipel des Comores entre Madagascar et la côte d'Afrique lui assure une importance et un avenir commercial qu'on ne peut nier.

NOSI-BÉ

Nosi-Bé ou Ile-Grande est une petite île de 22 kilomètres de long sur 15 de largeur, située dans le nord du canal de Mozambique, tout près de la côte nord-ouest de Madagascar; elle compte près de 10,000 habitants dont plus de 9,000 de race noire; le sol y est d'une grande fertilité, mais il est peu ou point cultivé. La ville d'Ambanoroa, peuplée de 4,000 habitants, est le véritable entrepôt des marchandises de la côte d'Afrique et de celles de l'Inde.

Le service postal régulier par les bateaux des Messageries maritimes le relie à Madagascar, Sainte-Marie, la Réunion et Maurice, devrait y avoir son dépôt de charbon. Notre situation actuelle de Madagascar fait de Nosi-Bé une position très importante aussi bien au point de vue stratégique que commercial.

MADAGASCAR

La grande île de Madagascar (elle a 400 lieues de longueur du Nord au Sud et sa superficie dépasse celle de la France, est située près de la Côte Orientale d'Afrique, dont elle est séparée par le canal de Mozambique par 11° 57 latitude Sud et 46° 57 longitude Est de Paris.

— La région orientale est montagneuse, la région occidentale est plate. Un voyageur débarquant sur la côte orientale gravit dès le rivage une chaîne qui s'élève graduellement jusqu'à 900 mètres; nulle part de terrain plat; quelques vallons sillonnés de torrents. Cette chaîne s'étend sur 300 lieues, de Port-Leven à Fort-Dauphin.

Au delà de l'arête, avant de descendre vers la côte occidentale, se trouve un plateau montagneux, tourmenté, de 30 à 35 lieues. Le point culminant de l'île est le massif rocheux et dénudé d'Ankaratra.

Toute la région montagneuse donne naissance à de nombreux cours d'eau qui se jettent dans l'Océan Indien ou dans le canal de Mozambique. Des ports nombreux et de vastes rades sont découpés dans les côtes nord-est et nord-ouest, notamment les baies de Diégo-Suarez, de Leven, d'Andravina, de Vohémar, de Tamatave, de Fort-Dauphin et de Saint-Augustin.

Tout autour de l'île une ceinture épaisse de bois, large de quelques lieues; mais l'intérieur n'est qu'une mer de montagnes peu boisée.

Habitants. — Les habitants de Madagascar se composent de nombreuses tribus dont beaucoup subissent le joug des Hovas depuis environ un demi-siècle. Ces Hovas, dont les chefs sont de race jaune et qui, grâce aux intrigues anglaises et au traité du 17 décembre 1885, deviennent prépondérants à Madagascar, habitent au centre de l'île la province de l'Imérina, qui compte à peu près 1,500,000 habitants sur 3,500,000 qu'il y a dans l'île.

Climat. — Là encore nous trouvons la saison pluvieuse et la saison sèche; dans le centre et sur la côte occidentale, la saison pluvieuse, qui est celle des chaleurs, commence fin novembre et se termine aux premiers jours d'avril. Sur la côte orientale, la belle saison a lieu précisément pendant la saison pluvieuse des autres régions : la véritable saison pluvieuse est alors, sur cette côte, d'avril en octobre.

Productions. — Madagascar présente ceci de particulier dans sa flore et dans sa faune, qu'on y trouve des espèces qui lui sont propres et qu'on ne rencontre nulle part ailleurs. Les félins à forme plantigrade, les insectivores, certains rongeurs, les lémuriens, voire même les mollusques terrestres, affectent des formes, une physionomie qu'on ne leur trouve qu'à Madagascar. Il en est de même d'un grand nombre d'espèces d'oiseaux.

Parmi les productions utiles de Madagascar, citons en première ligne le bœuf, qui se vend de 25 à 50 francs; le cheval somali s'y développe très bien; le porc et le mouton y abondent. La volaille et le gibier pullulent. Les abeilles y donnent un excellent miel; on y a acclimaté le ver à soie.

Au premier rang des produits alimentaires végétaux, citons les diverses espèces de riz, puis la canne aux proportions gigantesques, le café, le blé, le maïs, le manioc; parmi les oléagineux : le cocotier, le ricin, les arachides, etc.; les fruits de nos pays : cerisiers, pommiers, amandiers, etc.; les textiles : le chanvre, le coton; les plantes tinctoriales : oseille, lichen, qu'on expédie en ballots comprimés; les aromates; les résineux; le caoutchouc; les bois de construction et d'ébénisterie, nombreux dans les forêts. Les richesses minérales ne le cèdent en rien aux autres; on y trouve du fer, du cuivre, de l'étain, de l'or, du cristal de roche, du bitume, etc., et toutes ces richesses sont immobilisées par l'inertie d'un gouvernement ombrageux qui repousse les étrangers, ne veut ni routes, ni canaux, ni chemins de fer, qui prohibe l'exportation des bois et défend l'exploitation des mines.

Historique. — De 1642 à 1862, Madagascar a été considéré comme possession française au même titre que la Réunion ou la Martinique. Un édit de Louis XIV, en date de 1665, donne à Madagascar le nom de France orientale. Dès le XVII° siècle, nous possédons des établissements sur toute la côte Est et la côte Sud-Est. En 1862, le roi des Hovas, Radama II, signait avec la France un traité de commerce et d'amitié qui accordait aux Français le droit d'acheter, de vendre, de prendre à bail, d'exploiter les terres, maisons et magasins dans toute l'étendue du territoire Hova; un traité signé en 1868 renouvela les prescriptions principales du traité de 1862. Mais, en 1881, des difficultés survinrent; la reine Hova Ranavalo II, nous contesta le droit d'acquérir des propriétés et tenta de s'emparer des territoires Sakalaves de la côte Nord-Ouest, qui étaient placés sous notre protection. Une expédition fut la conséquence de cet attentat et de la violation des traités; en décembre 1885, les Hovas étaient amenés à signer un traité qui replaçait l'île entière de Madagascar sous le protectorat de la France; la baie de Diégo-Suarez était même cédée en toute souveraineté. Par un décret du 4 mai 1888, la colonie de Diégo-Suarez forme un gouvernement, et Nosi-Bé et ses dépendances; le siège en est à Diégo-Suarez.

SAINTE-MARIE DE MADAGASCAR OU NOSI-IBRAHIM

Cette île se trouve à l'Est de Madagascar, dont elle est séparée par un canal de 6 à 12 kilomètres; sa population, d'origine malgache, est à peu près de 6,000 habitants; elle vit de pêche et d'agriculture. On y cultive la canne, le café, le sucre, la vanille, du manioc, du riz; on y élève quelques bœufs.

Depuis que la France est à Madagascar, le commerce de Sainte-Marie a pris une extension qui ne peut que s'accroître. Depuis 1888, Sainte-Marie est rattachée administrativement à Diégo-Suarez.

LA RÉUNION

Historique. — L'île de la Réunion fut découverte par don Pedro de Mascarenhas le 9 février 1528; après avoir été visitée par les Hollandais, elle fut acquise à la France, en 1638, par le capitaine Gonbert, qui la trouva inhabitée. Un peu plus tard, en 1649, elle prit le nom de Bourbon. La colonisation commença en 1664, lorsque l'île fut concédée à la Compagnie des Indes. De 1810 à 1814, elle fut occupée par les Anglais, puis rétrocédée à la France par le Traité de Paris.

Situation, configuration. — La Réunion est située dans l'Océan Indien par 52° 50' — 53° 54' de longitude Est, et 21° 50 — 21° 29' de latitude Sud, à 590 kilomètres Est de Madagascar. — Sur un développement de 207 kilomètres de côtes, on ne trouve que deux échancrures où un navire puisse se mettre à l'abri, aussi a-t-on dû construire deux ports, celui de la Pointe des Galets, et celui de Saint-Pierre, actuellement à peu près terminés. Le sol est volcanique, l'île se compose de deux groupes de montagnes : le massif occidental (point culminant, le Piton-des-Neiges, 3,069 m.), le massif oriental (point culminant, le Grand cratère, 2,625 m.). Ces deux massifs sont réunis par de vastes plateaux : la plaine des Cafres (4,000 hectares de prairies naturelles); la plaine des Palmistes (500 hectares d'un sol fertile, mais inculte). Une bande de littoral de 10 kilomètres de largeur est presque seule habitée. Des torrents et des rivières nombreuses débouchent des vallées encaissées. Les sources minérales abondent à la Réunion.

Climat. — Il n'y a que deux saisons : l'hivernage, de décembre à fin d'avril, caractérisé par de fortes chaleurs, des pluies, des vents, des ouragans; l'hiver, du 1er mai à fin novembre, caractérisé par une température fraîche, de la sécheresse : le vent du sud-est. Parmi les villes du littoral, Saint-Paul est la plus chaude et Saint-Pierre la plus fraîche. Sous l'influence du déboisement, la pluie devient de plus en plus rare. La Réunion est atteinte de temps à autre par les cyclones de l'Océan Indien; les maisons sont renversées, les arbres déracinés, les plantations détruites.

Productions. Culture. — Le café Bourbon est partout célèbre; la vanille, la vigne, le manioc sont, avec le sucre de canne, les productions les plus connues de la Réunion. Malgré la concurrence des sucres de betterave, elle a encore exporté 39 millions de kilogrammes de sucre en 1886. On trouve aussi sur le littoral, de la Pointe des Galets à Saint-Louis, de véritables forêts de filao.

Commerce. — Le régime commercial est à peu près celui du libre-échange avec la Mère-patrie et celui de la protection en faveur des produits de la Métropole et de ceux de la Colonie.

Mouvement commercial en 1886.

Exportation de la Réunion	13.330.000 francs
Importations françaises	10.800.000 —
— étrangères	16.050.000 —

Mouvement de la navigation.

En 1886, il est entré à la Réunion 165 navires sans compter les paquebots de Messageries maritimes.

Voies de communication. — La ligne des Messageries maritimes relie la Réunion à la France. Les départs ont lieu tous les mois de la Réunion et de Maurice, d'où les paquebots vont joindre à Mahé la grande ligne de Nouvelle-Calédonie à Marseille. Chaque mois également part de la Réunion et de Maurice un paquebot qui dessert Tamatave, Sainte-Marie, Diégo-Suarez, Nosi-Bé, Mayotte, Zanzibar, Obock et Marseille.

Population. — Les premiers colons furent des ouvriers français de la Compagnie des Indes qui vinrent de Madagascar avec des femmes malgaches; actuellement la population se compose de créoles blancs, d'Européens, d'Arabes, d'Indiens, de Malgaches, de noirs d'Afrique, de Chinois et d'Annamites. La population de descendance européenne est douée de brillantes qualités, d'une grande douceur de mœurs et d'une affabilité incomparable. Dans aucune colonie, le niveau moral de la femme créole n'est plus élevé qu'à la Réunion.

Au 31 décembre 1886, on comptait en tout 175,000 habitants, dont 130,000 Français; Saint-Denis, le chef-lieu, en a 30,000; Saint-Paul, 28,000, et Saint-Pierre, 24.000.

ILES KERGUELEN

Ces îles, découvertes en 1772 par le vice-amiral français Kerguelen, sont situées dans l'Océan austral par 49 et 50 degrés de latitude sud. Le climat en est froid mais supportable : comme l'Islande, avec laquelle elles ont certaines analogies, elles renferment de nombreuses tourbières; on n'y voit pas un arbre, mais de grandes bruyères. En comparant le climat à celui des Malouines et de l'île Campbell, on peut penser que l'élevage n'y serait pas impossible, non plus que certaines cultures maraîchères.

POSSESSIONS FRANÇAISES DE L'INDE

C'est de 1670 que date la fondation des Etablissements français de l'Inde par l'établissement du comptoir de Surate, au nord de Bombay, par Caron, chef de la Compagnie des Indes, que venait de fonder Richelieu.

Pondichéry fut fondé par François Martin; Chandernagor cédé en 1688 par le Grand-Mogol; Mahé en 1726; Karikal en 1739; Yanaon et Masulipatam en 1750. Pendant nos rivalités avec l'Angleterre, Labourdonnais prit Madras et Dupleix sauva Pondichéry assiégé en 1748. Pendant la Guerre de Sept ans, les Anglais nous enlèvent l'Inde et prennent Pondichéry, malgré la résistance désespérée de Lally-Tollendal; et notre défaite est consommée en 1778, malgré les efforts de Suffren.

Par le traité de 1783, nous fûmes remis en possession des Etablissements que nous possédons aujourd'hui, mais en 1793 nous les perdîmes de nouveau, pour les retrouver et les posséder sans conteste par les traités de 1815. Ces Etablissements se composent de fractions de territoires, isolés les uns des autres, et représentant une superficie totale de 50,800 hectares, avec une population de 282,723 habitants, dont à peine 1,000 Européens. Pour la plupart, 279,970 Hindous de toute race, et le reste créoles français.

Dans le golfe de Bengale, sur la côte de Coromandel, se trouvent *Pondichéry* et *Karikal;* dans le même golfe, sur la côte d'Orissa, *Yanaon* et la loge de Masulipatam; au Bengale, *Chandernagor,* tout près de Calcutta, la capitale de l'Inde anglaise; sur la côte de Malabar, dans le golfe d'Oman, *Mahé.*

Pondichéry, capitale de l'Inde française, est situé à 143 kilomètres au sud de Madras par 11°, 55' de latitude Nord et 77°, 31', longitude Est.

Outre la commune de Pondichéry, son territoire comprend 93 aldées, 141 villages secondaires, et 11.560 habitations. Cet établissement est bizarrement coupé d'enclaves anglaises.

La population de la commune de Pondichéry est de 41,888 habitants. Le climat de l'Inde française, quoique très chaud, n'est pas défavorable aux Européens. Les typhons et les cyclones y sont inconnus, les ouragans rares.

Commerce. — Pondichéry est le principal port et le plus grand marché de la région.

La vente des arachides provenant des pays anglais et embarquées pour l'Europe y constitue une importante branche de commerce.

Les principales productions agricoles sont : la noix de coco et la liqueur appelée *callou* qu'on en extrait; l'huile de coco, le riz en paille, les menus grains, les légumes, le tabac, l'indigo, la canne à sucre, le coton, etc.; on y fait l'élevage des bœufs, des moutons, des buffles, des porcs, des bœufs, etc.

On trouve à Pondichéry des teintureries, des huileries, de nombreuses indigoteries, des filatures de coton, etc.

L'émigration française étant presque nulle vers nos Etablissements de l'Inde, notre pavillon n'y est pas représenté comme il devrait l'être; Pondichéry voit par an 57 navires français et 235 étrangers; Karikal, 12 navires français, 205 étrangers; Mahé, peu de navires français, 114 étrangers (en 1886).

Pour la France, le commerce annuel est de 14 à 15 millions, dont plus de 13 millions d'exportation.

Loges françaises. — Les loges au nombre de huit : *Surate, Calicut, Masulipatam, Balassore, Yongdin, Ducon, Cassimbazar et Patna* sont des factoreries qui avaient été admirablement choisies en Inde par Dupleix pour base de ses opérations commerciales, d'Inde en Inde. Aux termes des traités du 30 mai 1814 et du 20 novembre 1815, les loges françaises devaient nous être restituées en pleine propriété et revenir sous la suzeraineté de la France, telles que nous les possédions au 1er janvier 1792; leur restitution fut effectuée vers 1817, mais seulement en réalité pour les loges à proximité des chefs-lieux d'Etablissements. Avec une bonne organisation, où la liberté et l'activité commerciales ne seraient point entravées par une bureaucratie jalouse d'une autorité stérile et tracassière, les loges pourraient bien redevenir gênantes pour les monopoles des Anglais.

INDO-CHINE

L'Indo-Chine est une grande presqu'île située au Sud de la Chine, et séparée de l'Inde par le golfe du Bengale. Elle est tout entière dans la zone tropicale, mais en raison de sa configuration allongée du Nord au Sud, puis des différences d'altitude, elle offre des différences de climat assez notables surtout au point de vue de l'hygiène de l'Européen.

L'année s'y partage en deux périodes d'égale longueur : la saison sèche, d'octobre à la fin d'avril, et la saison des pluies, pendant le reste de l'année.

Les deux moussons du Nord-Est et du Sud-Ouest y soufflent alternativement, mais la direction générale en est modifiée, au Tong-King et sur les côtes de l'Annam. La gelée blanche s'observe sur les plateaux; la neige y est inconnue.

Entre le Tong-King méridional et l'Annam d'une part, et la vallée du Mé-Kong, de l'autre, se trouvent des plateaux, notamment le grand plateau des Bolovens, où on rencontre un sol fertile avec les productions de l'Europe centrale : des pins, des chênes, des châtaigniers, des charmes, etc. L'Indo-Chine, d'une manière générale, est divisée en deux parties bien distinctes. L'une, immense, fécondée par les vallées de grands fleuves coulant du Nord au Sud, semée de rapides dans le haut de leurs cours et très profonds à leurs embou-

CHARLES BAYLE, Éditeur

Ouvrage honoré de Souscriptions par le Ministère de l'Instruction publique, le Ministère de l'Agriculture, le Ministère de la Marine et le Ministère du Commerce, de l'Industrie et des Colonies.

ATLAS COLONIAL

Édition Populaire et Classique

par

HENRI MAGER

avec Texte par

A. JACQUEMART

Ancien Inspecteur de l'Enseignement Primaire à Paris, Officier de l'Instruction Publique,
Député des Ardennes.

TEXTE RÉSUMANT LES REMARQUABLES TRAVAUX DE LA GRANDE ÉDITION DUS A MM. :

Amiral **Aube**, Charles **Bayle**, Paul **Bert**, **Bouquet de la Grye**, **de Cambourg**, Dʳ **Colin**, **Coudreau**, Henri **Deloncle**, Jean **Dupuis**, **Durassier**, **Dutreuil de Rhins**, Général **Faidherbe**, Félix **Faure**, Colonel **Fulcrand**, **Gaffarel**, **Giraud**, **Grandidier**, **Harmand**, **Henrique**, **Higginson**, Isaac, **de Lanessan**, Amiral **Layrle**, **Lemire**, le Myre de Vilers, le Savou-reux, **de Lesseps**, **Levasseur**, **Mac Cleaner**, Henri **Mager**, F. **de Mahy**, **Mattei**, **Mondon**, **Montclar**, **Moreau**, Dʳ **Néis**, E. **Raoul**, **de la Richerie**, **de Rivoyre**, **Romanet du Caillaud**, **Soleillet**, **Viard**, Colonel **Vincent**, **Waubert**, etc.

LISTE DES CARTES

PRIX : **1** FR. **75**

LIBRAIRIE DU JOURNAL **LA GÉOGRAPHIE**, 16, RUE DE L'ABBAYE, PARIS

1890

LES COLONIES FRANÇAISES EN 1890

PAR HENRI MAGER

GRAND OCÉAN PACIFIQUE

AMÉRIQUE DU NORD

AMÉRIQUE DU SUD

OCÉAN ATLANTIQUE

EUROPE

AFRIQUE

ASIE

OCÉAN INDIEN

AUSTRALIE

GRAND OCÉAN PACIFIQUE

Arch. de Cook

Arch. des Marquises

I. de Pâques

I. Kerguelen

Archipel Salomon

LÉGENDE.

- Colonies et Possessions Françaises
- Services Français de navigation à vapeur entre la France et ses Colonies
- Services étrangers de navigation à vapeur
- Lignes de Chemins de fer sur les Routes coloniales
- Initiale des Consulats Français
- Le chiffre placé à droite du Consulat indique le nombre de vice-Consulats et d'Agences consulaires dépendant de ce Consulat
- Câbles sous-marins et principales lignes télégraphiques
- Territoires sur lesquels les droits de la France semblent incontestés

Colonies françaises et habitations des Français en l'An 1661

LA CARTE GÉNÉRALE DU MONDE en l'An 1661 par HENRI MAGER, Géographe

Colonies françaises en 1683

CARTE GÉNÉRALE DU MONDE en l'An 1683

Ter. de Labrador — CANADA — Ter. Neuve — Le Grand Banc — LA MER DU NORD — FRANCE — POLOGNE — P. TARTARIE — MER DES INDES

MOSCOVIE — FRANCE — POLOGNE — TARTARIE — MER DE CANADA — ZAARA ou LE DÉSERT — ARABIE — PERSE — MER DES INDES

I. de S.Laurent ou de Madagascar — LA FRANCE ORIENTALE — I. Maurice — I. Bourbon

Gravé par A. Simon, 18, rue du Val-de-Grâce, Paris

CHARLES BAYLE, Éditeur de LA GÉOGRAPHIE.

Imp. Ch. Bayle, 18, rue de l'Abbaye, Paris.

CHARLES BAYLE, Éditeur de LA GÉOGRAPHIE.

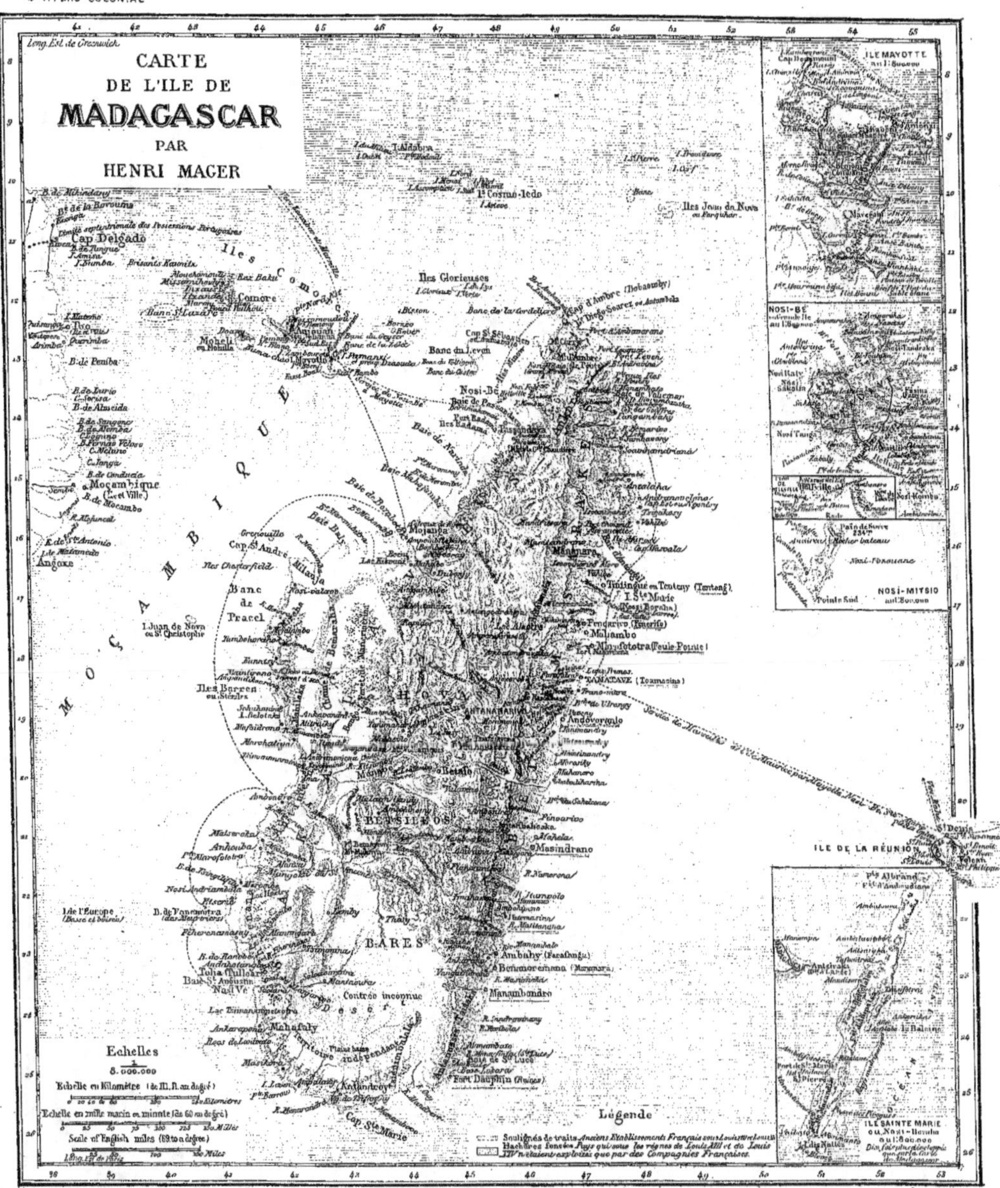

Gravé par A. Simon, 13, rue du Val-de-Grâce.—Paris   CHARLES BAYLE, Éditeur de LA GÉOGRAPHIE.   Imp. Ch. Bayle, 18, rue de l'Abbaye.—Paris.

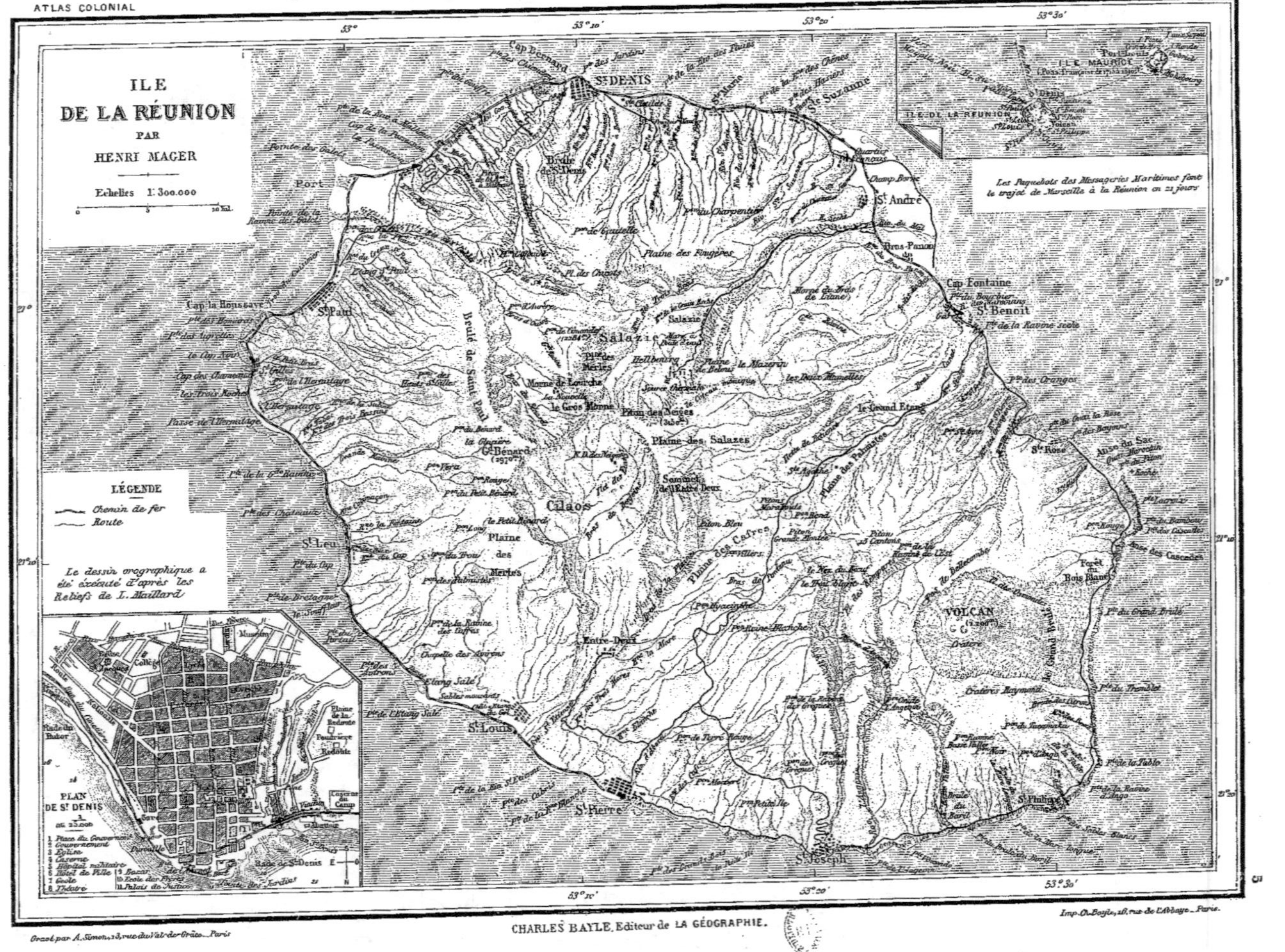

ATLAS COLONIAL
ILE DE LA RÉUNION
PAR
HENRI MAGER
Echelle 1:300.000
LÉGENDE
Chemin de fer
Route
PLAN DE St DENIS
St Denis
St Paul
St Pierre
St Benoît
St André
St Louis
Cilaos
Salazie
VOLCAN
le Grand Brûlé
CHARLES BAYLE, Éditeur de LA GÉOGRAPHIE.

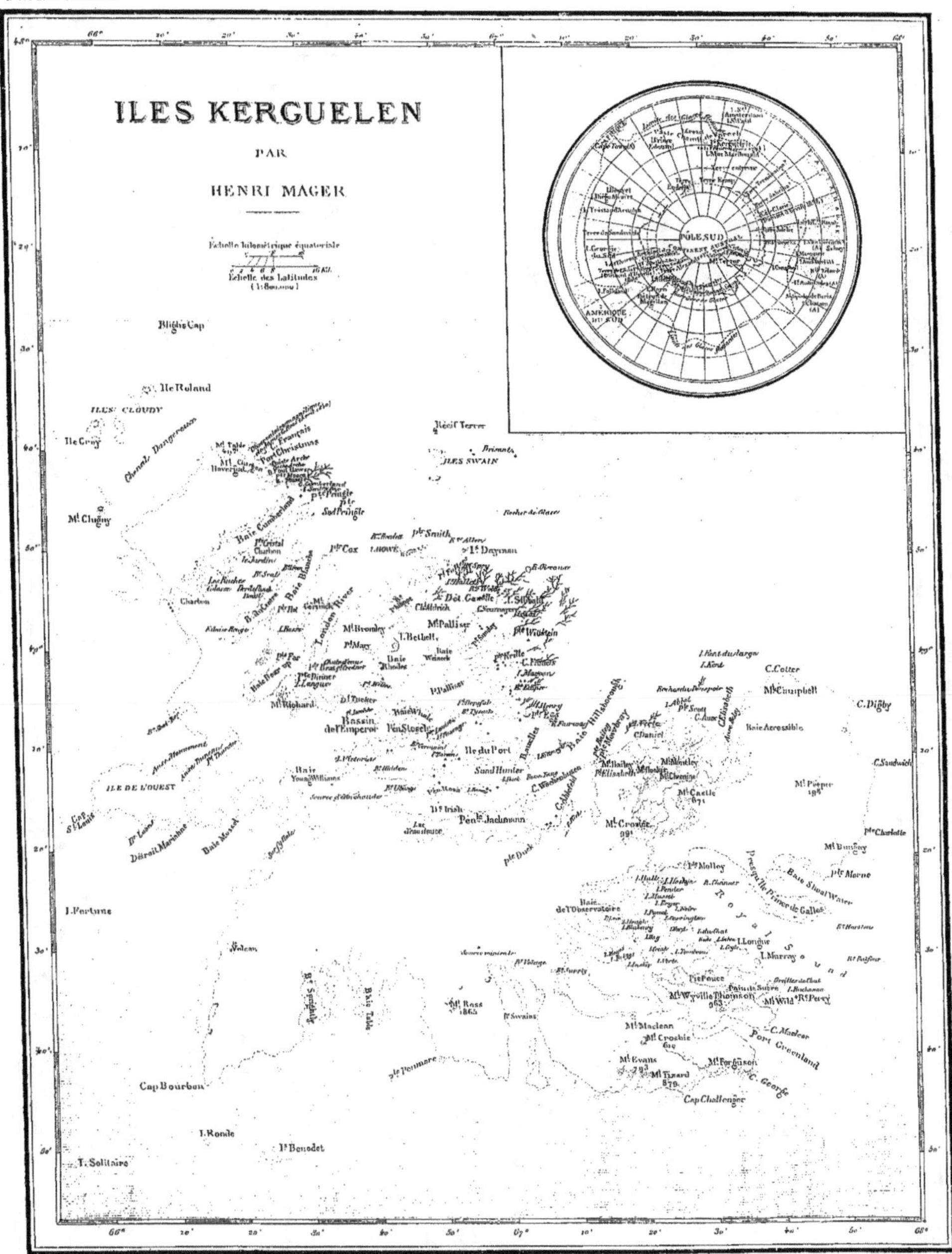

ILES KERGUELEN
PAR
HENRI MAGER
Echelle des Latitudes
PÔLE SUD
AMÉRIQUE DU SUD

L'INDO-CHINE

PAR

HENRI MACER

Grav. par A. Simon, 23, rue du Val-de-Grâce — Paris

CHARLES BAYLE, Éditeur de LA GÉOGRAPHIE.

Imp. Ch. Bayle, 28, rue de l'Abbaye — Paris

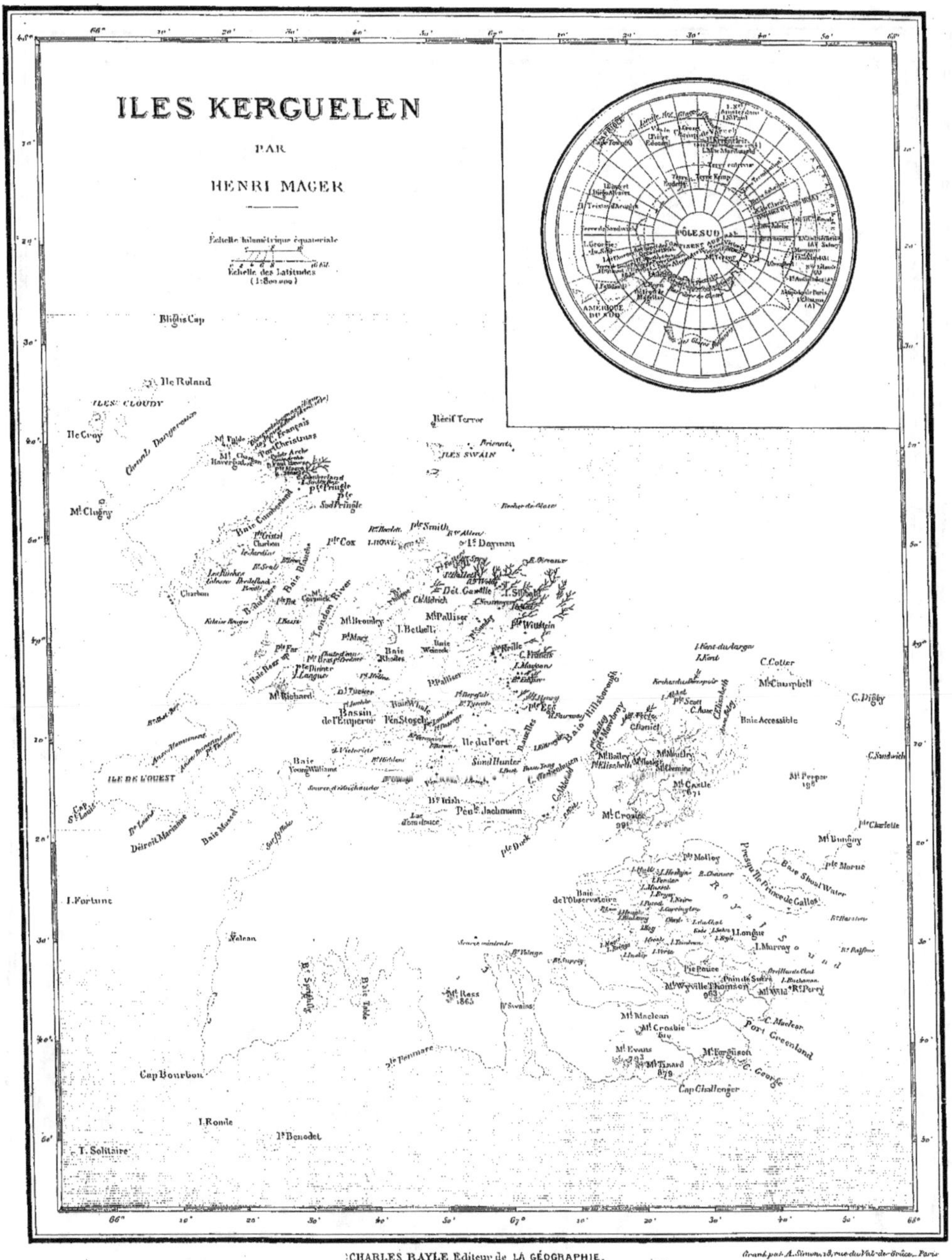

ILES KERGUELEN

PAR

HENRI MAGER

Échelle kilométrique équatoriale

Échelle des Latitudes
(1:800 000)

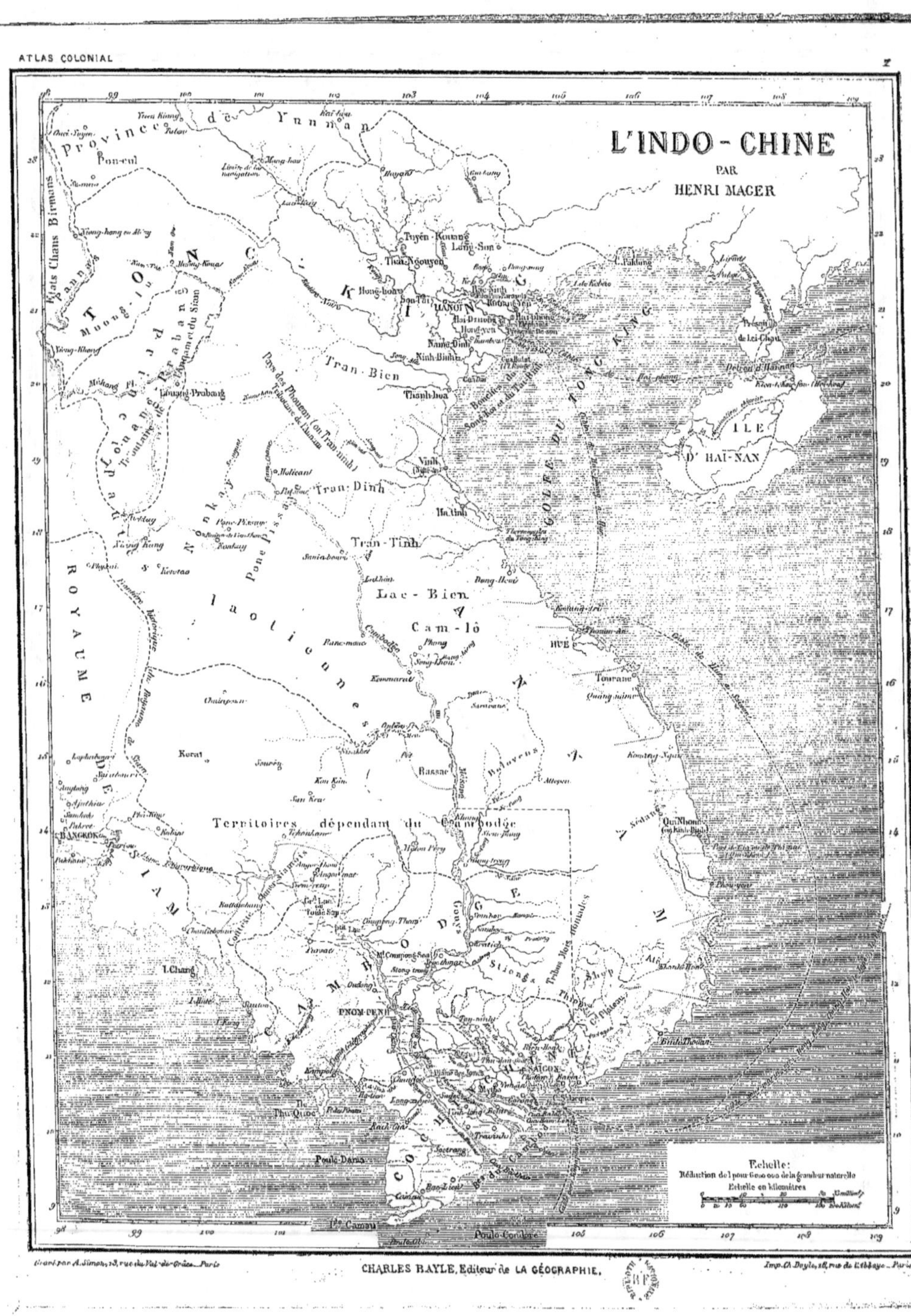

Gravé par A.Simon, 23, rue du Val-de-Grâce.—Paris   CHARLES BAYLE, Editeur de LA GÉOGRAPHIE.   Imp.Ch.Doyle, 28, rue de l'Abbaye.—Paris

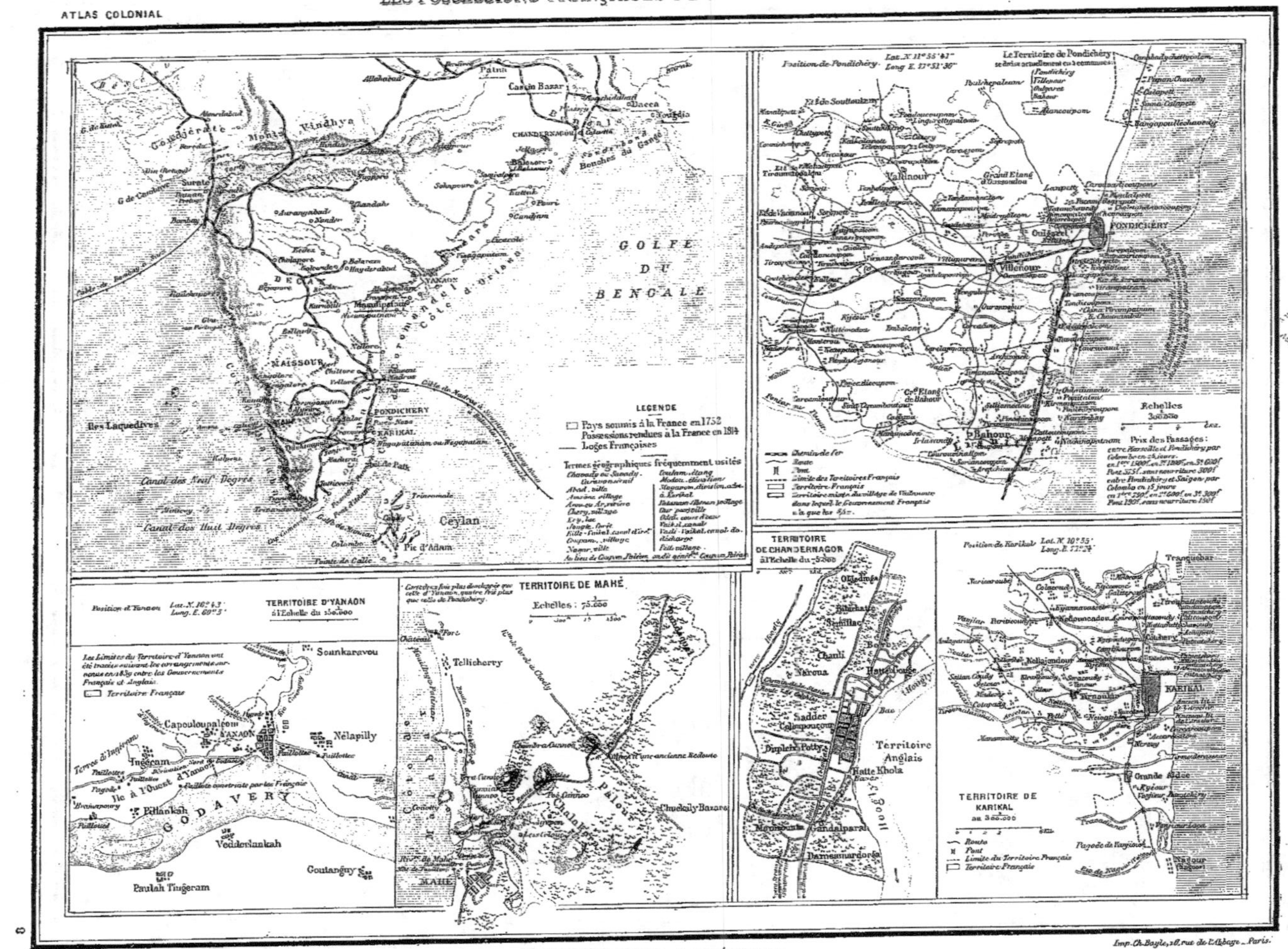

CHARLES BAYLE, Éditeur de LA GÉOGRAPHIE.

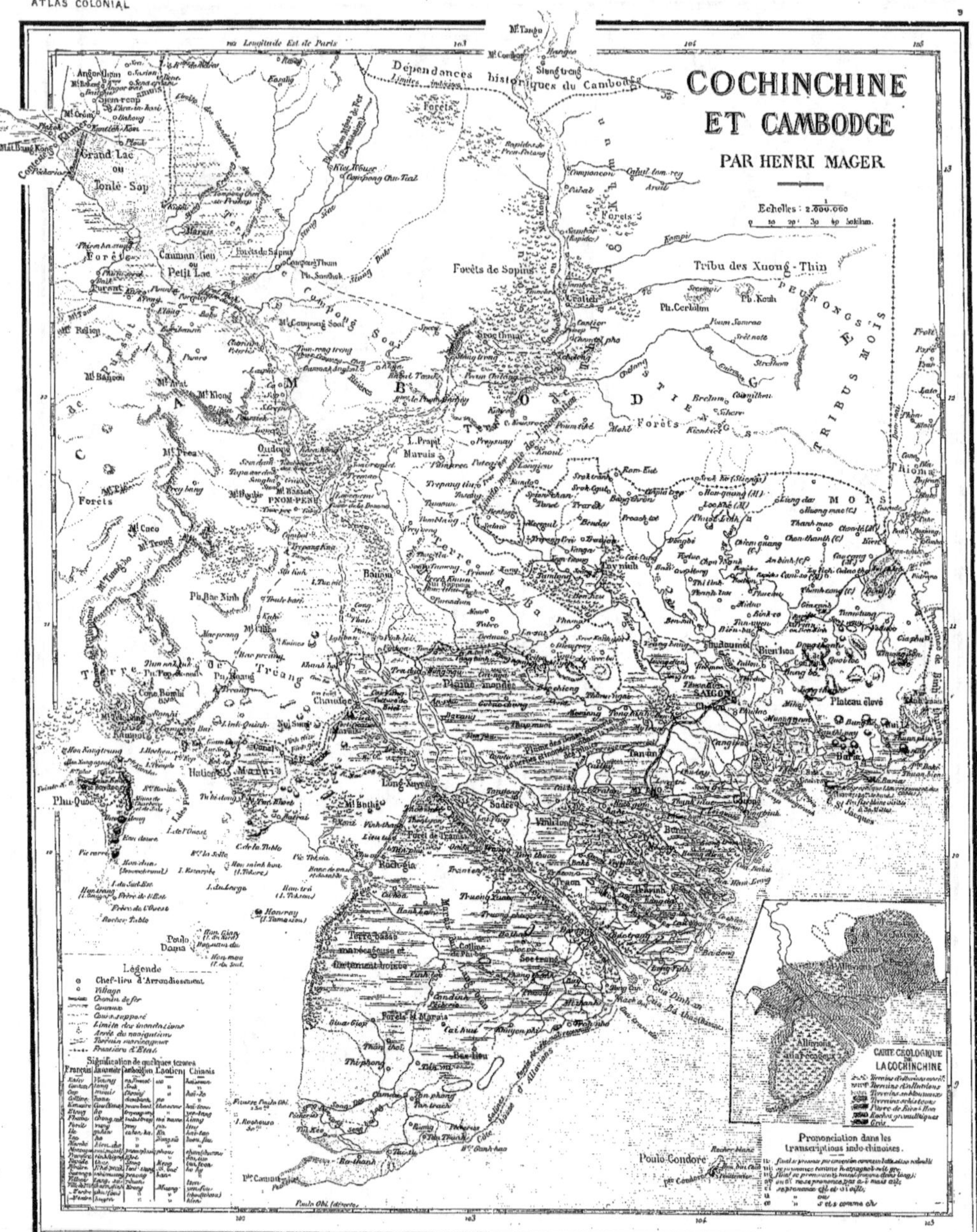

COCHINCHINE
ET CAMBODGE
PAR HENRI MAGER
Echelles : 2.000.000
Tribu des Xuong - Thin
Dépendances historiques du Cambodge
Grand Lac ou Tonlé-Sap
PNOM-PENH
SAIGON
Plaine inondée
Poulo Condore
CARTE GÉOLOGIQUE DE LA COCHINCHINE
Prononciation dans les transcriptions indo-chinoises.
Légende
Chef-lieu d'Arrondissement
Village
Chemin de fer
Commune
Cours séparé
Limite des inondations
Arrêt de navigation
Terrain marécageux
Frontière d'État
Signification de quelques termes
Français Annamite Cambodge Laotien Chinois

Longitude Est de Paris

TONG - KING

北圻全圖

dressée d'après les levés et les documents les plus récents

PAR

HENRI MAGER

Province de Kouang-si

Province de Kouang-Tong

Mon-tze

Mang-hao

Limite de la navigation

Cao-Bang

That-Khé

Lang-Son

Région Montagneuse
Grès praticables

C. Pak-long

Iles Pirates

Lai-Chau

Tuyen-Quang

Thai-Nguyen

HANOI

Hai-Dzuong

Hai-Phong

I. Norway

Ninh-Binh

Thanh-hoa

GOLFE DU TONG-KING

Haï-Nan
(à la Chine)

Phu de Tran-Bien
dépendant de Nghe-An (Vinh)

Phu de Tran-Ninh
dépendant de Nghe-An

Vinh

Phu de Tran-Dinh
dépendant de Ha-tinh

Vaste plaine
couverte de forêts

Grand Plateau

Ha-tinh

Phu de Tran-Tinh
dépendant de Ha-tinh

Phu de Lack-Bien
dépendant de Ha-tinh

Ancienne Muraille

Dong-Hoi

Phu de Cam-lô
dépendant de Kouang-tri

Kouang-tri

HUE

A N N A M

Prononciation

Dans les transcriptions chinoises et indo-chinoises
u final se prononce, par convention comme en
latin, soit u redoublé;
ainsi: Yu-nan se prononce Iuou-nann
— u — Thien-kia — u — Iou-iun-kia
ih se prononce comme ñ espagnol, soit gne
ainsi: l'inh se prononce ñgne
— u — Ha-tinh — u — ha-ñgne
Dans ng final, g ne se prononce pas, et la prend
un son nasal: ng se prononce comme dans long
ainsi: Tong-King se prononce Tou-Kin
— u — Kouang-Yên — u — Kou-an-yênn
ay aussi se prononce que ai, mais ail
oi se prononce oil, u oi, oil
ch = th, s = ch, u = ou, (comme dans Hué pour Houé)

HA-NOI
Echelle 1 : 100.000

LÉGENDE

⊙ ▣ Ville principale
⚓ Point navigable
‡‡‡ Limite d'États
‐‐‐ Routes
⋯⋯ Cours supposés
○ Position incertaine
Les altitudes sont indiquées en mètres.

Échelle 1 : 3.000.000

0   10   20   30   60   mbil.

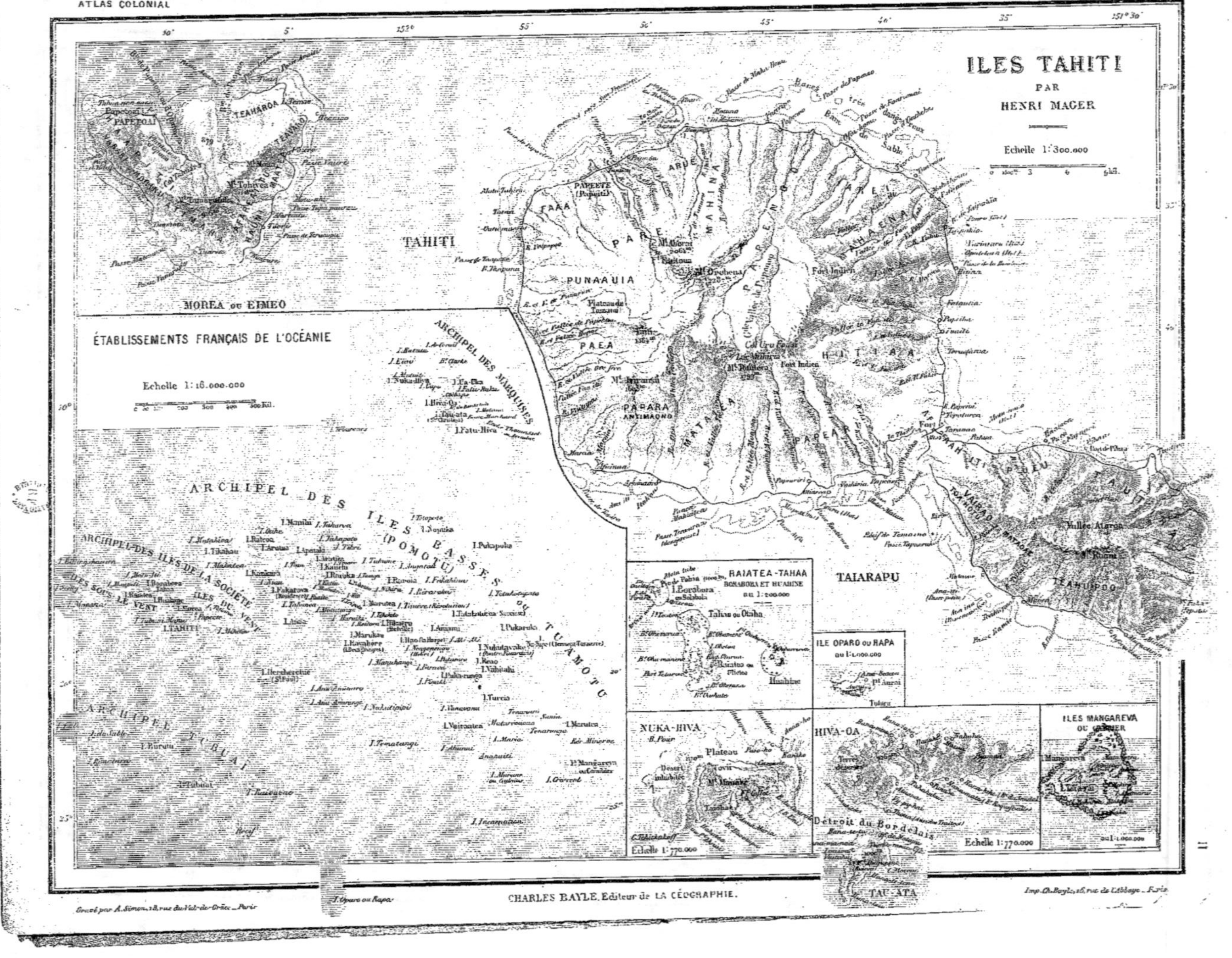

Gravé par A. Simon, 18 rue du Val-de-Grâce - Paris
CHARLES BAYLE, Éditeur de LA GÉOGRAPHIE.
Imp. Ch. Bayle, 16 rue de l'Abbaye - Paris

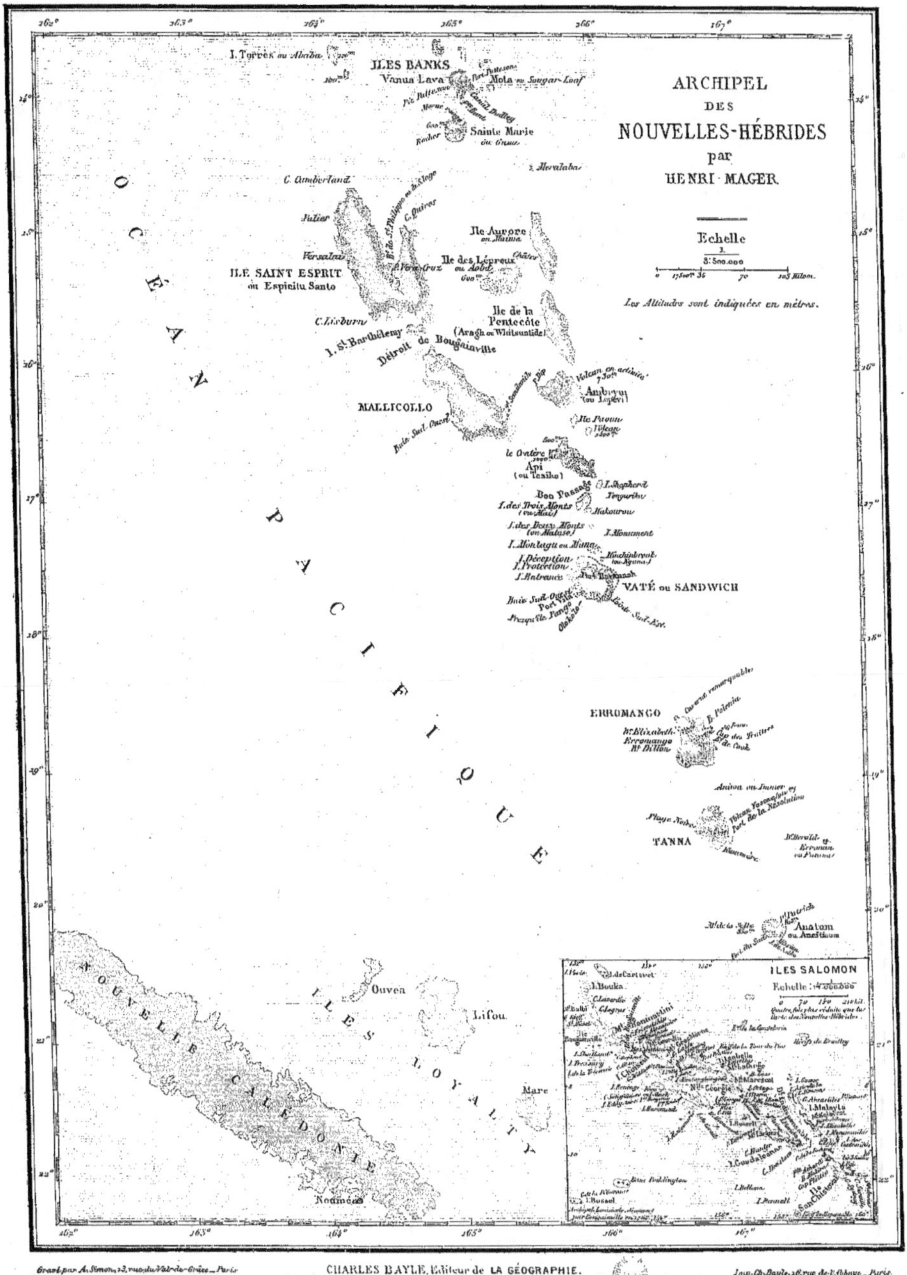

ARCHIPEL
DES
NOUVELLES-HÉBRIDES
par
HENRI MAGER

Echelle
1
3.500.000

Les Altitudes sont indiquées en mètres.

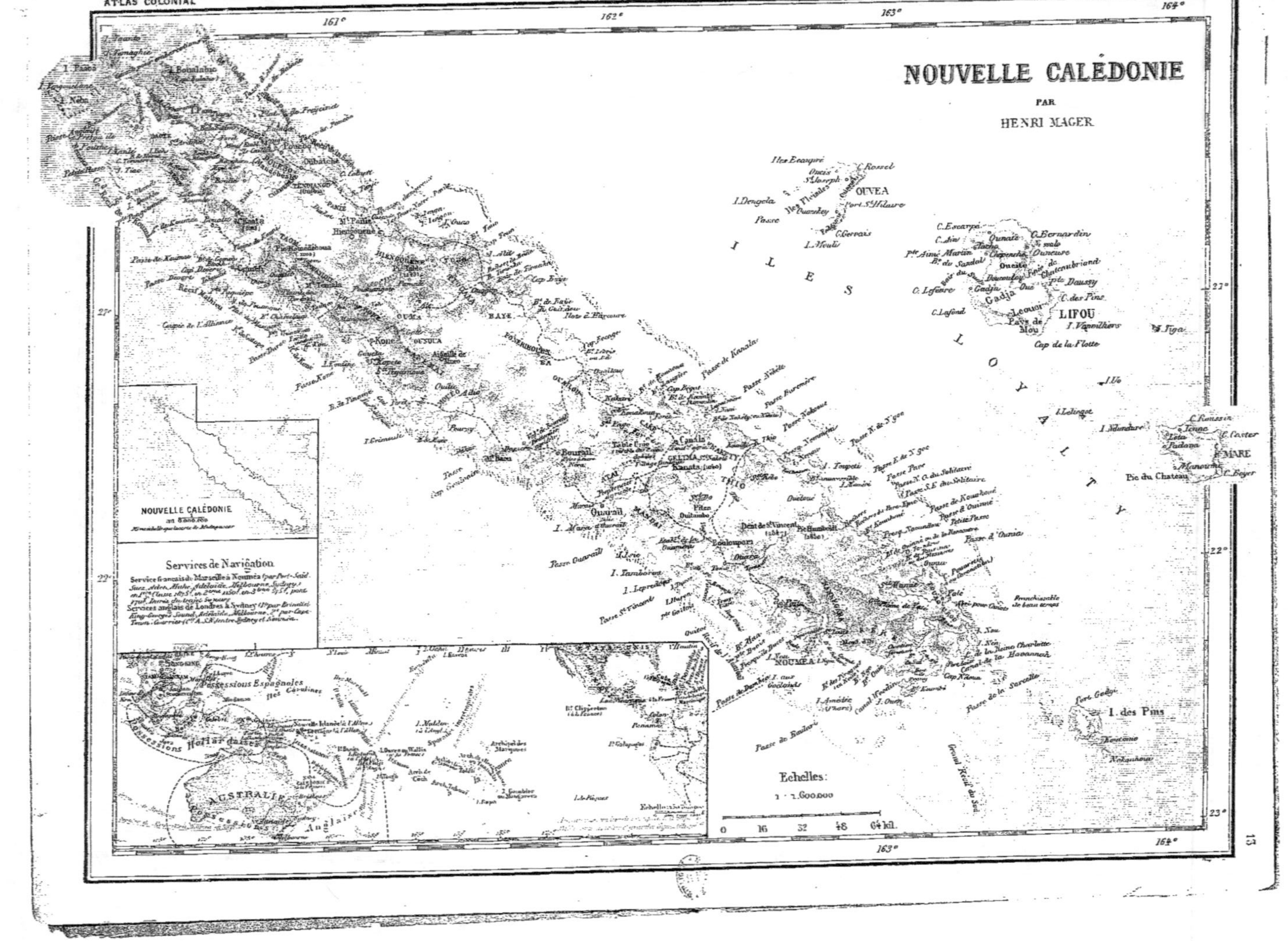

NOUVELLE CALÉDONIE
PAR
HENRI MAGER
NOUVELLE CALÉDONIE
au 8.300.000
Mise à l'échelle que la carte de Madagascar
Services de Navigation
Echelles:
1 : 1.600.000
0   16   32   48   64 kil.
Possessions Espagnoles
Iles Carolines
Possessions Hollandaises
AUSTRALIE
Possessions Anglaises
OUVEA
LIFOU
MARE
ILES LOYALTY
I. des Pins
NOUMEA

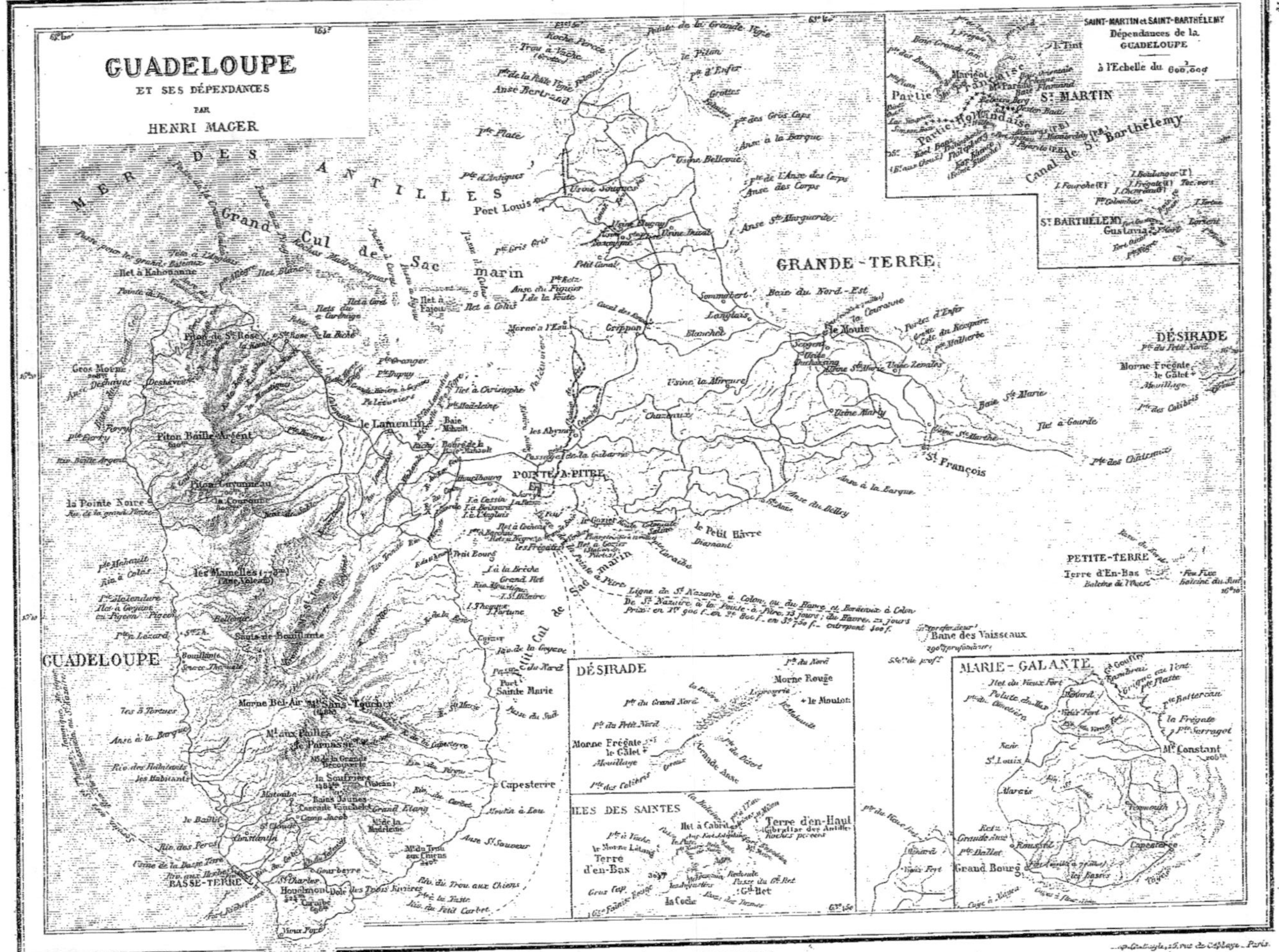

GUADELOUPE
ET SES DÉPENDANCES
PAR
HENRI MAGER

SAINT-MARTIN et SAINT-BARTHÉLEMY
Dépendances de la
GUADELOUPE
à l'Échelle du $\frac{1}{600,000}$

St MARTIN

St BARTHÉLEMY

MER DES ANTILLES

Grand Cul de Sac marin

GRANDE-TERRE

DÉSIRADE

PETITE-TERRE
Terre d'En-Bas

GUADELOUPE

Petit Cul de Sac marin

POINTE-À-PITRE

BASSE-TERRE

DÉSIRADE

ILES DES SAINTES
Terre d'en-Haut
Terre d'en-Bas

MARIE-GALANTE

CHARLES BAYLE, Éditeur de LA GÉOGRAPHIE.

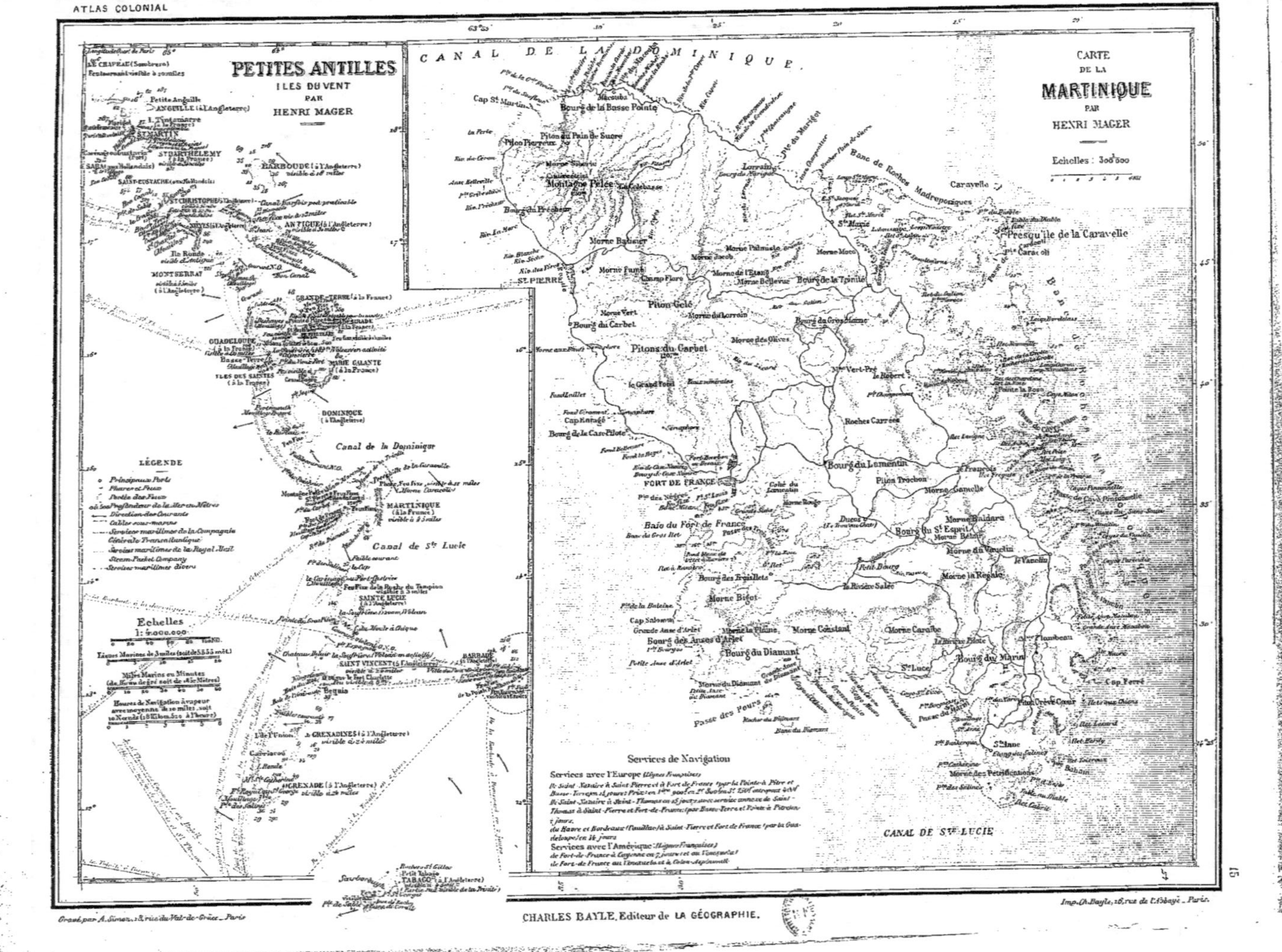

Gravé par A. Simon, 13, rue du Val-de-Grâce - Paris.

CHARLES BAYLE, Éditeur de LA GÉOGRAPHIE.

Imp. Ch. Bayle, 16, rue de l'Abbaye - Paris.

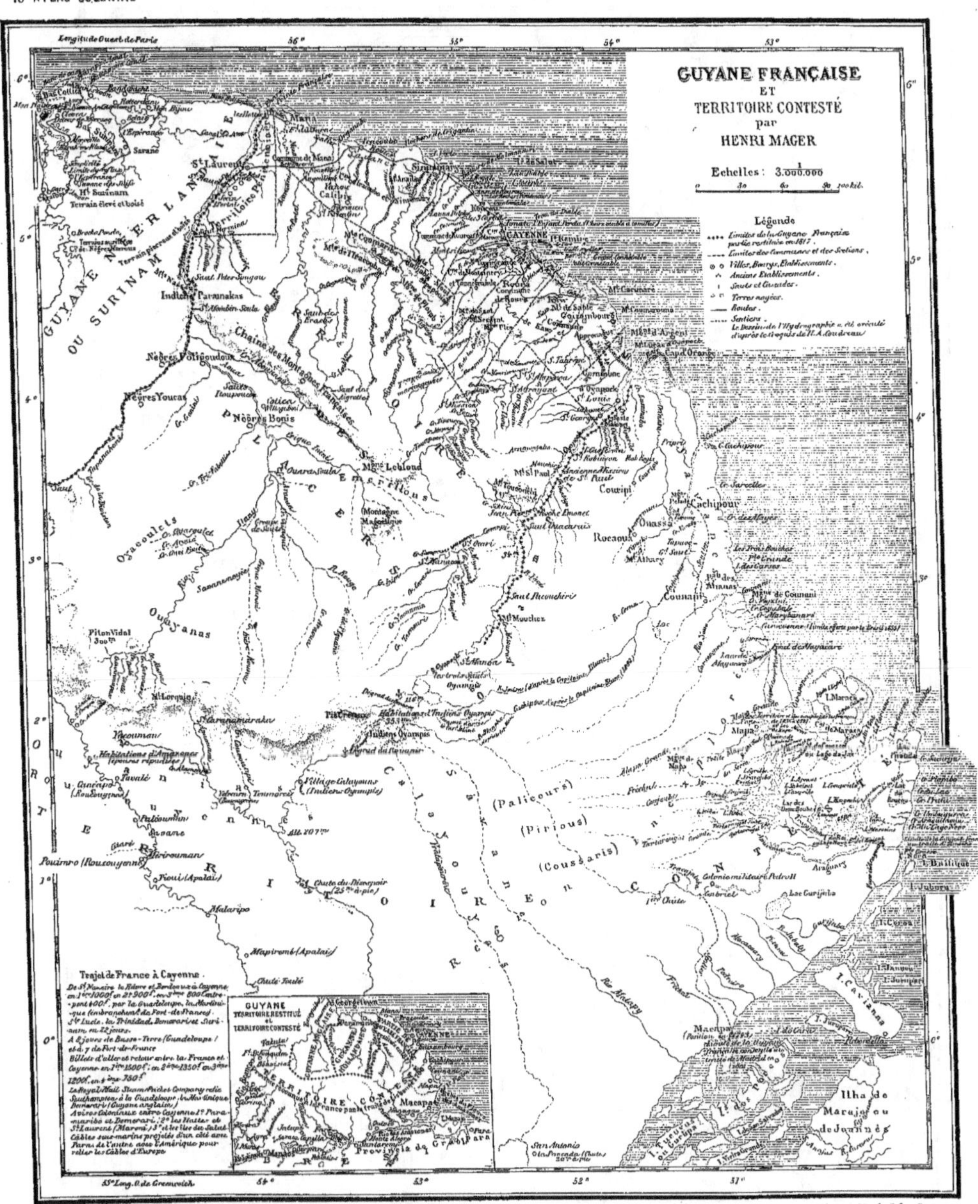
GUYANE FRANÇAISE
ET
TERRITOIRE CONTESTÉ
par
HENRI MAGER
Echelles : 3.000.000
Légende
GUYANE NÉERLANDAISE OU SURINAM
CAYENNE
Ilha de Marajo ou de Joannès
CHARLES BAYLE, Editeur de LA GÉOGRAPHIE.

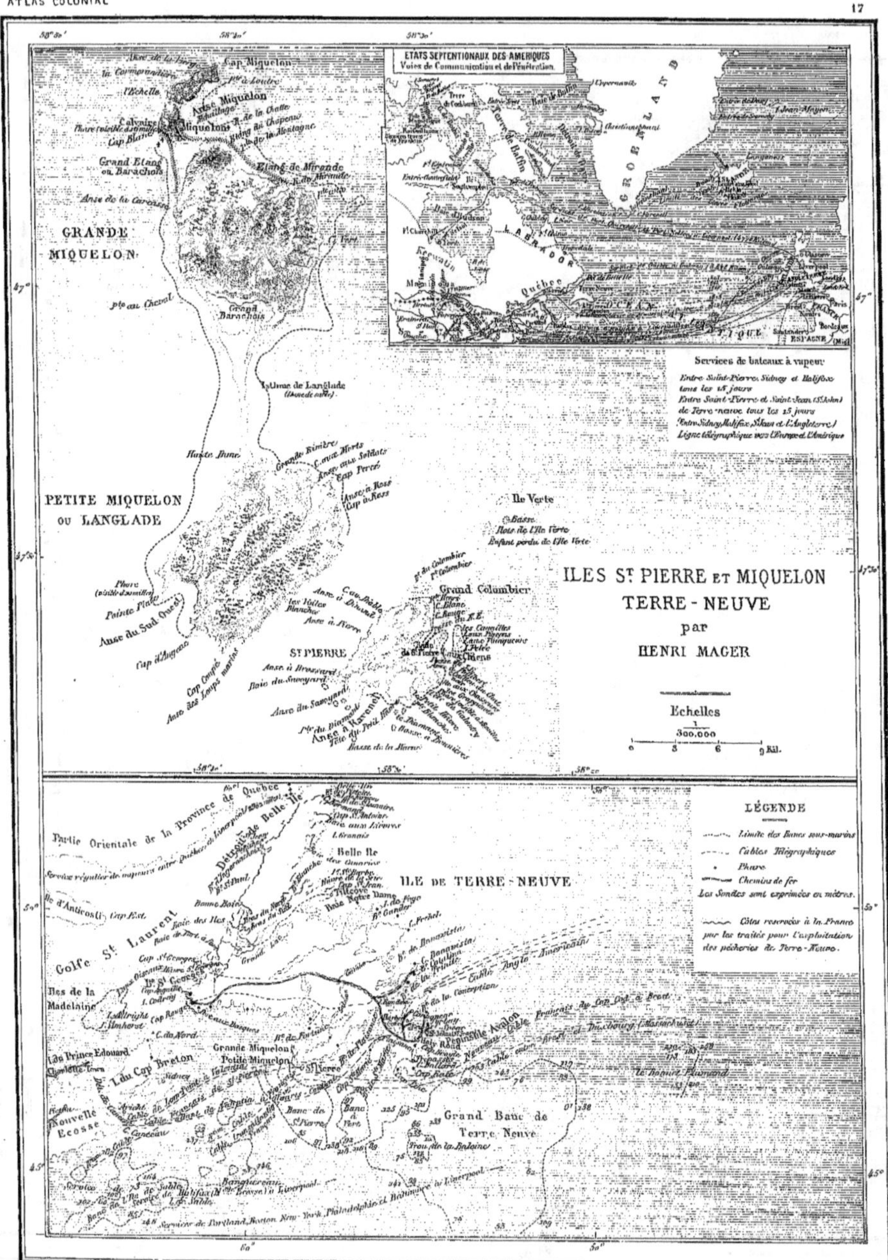

ETATS SEPTENTIONAUX DES AMÉRIQUES
Voies de Communication et de Pénétration
GROENLAND
LABRADOR
Québec
ESPAGNE (Vigo)
GRANDE MIQUELON
Cap Miquelon
Anse à Loutre
L'Echelle
Arts à Miquelon
Calvaire
Cap Blanc
Grand Etang ou Barachois
Anse de la Caravan
Pte au Cheval
Grand Barachois
Lanse de Langlade
PETITE MIQUELON ou LANGLADE
Phare
Pointe Plate
Anse du Sud Ouest
Cap d'Augron
Cap Percé
Anse à Ross
Cap à Ross
Ile Verte
St PIERRE
Grand Colombier
Services de bateaux à vapeur
ILES St PIERRE ET MIQUELON
TERRE-NEUVE
par
HENRI MAGER
Echelles
1 / 300,000
LÉGENDE
Limite des Bancs sous-marins
Cables Télégraphiques
Phare
Chemins de fer
Les Sondes sont exprimées en mètres.
Côtes reservées à la France par les traités pour l'exploitation des pêcheries de Terre-Neuve.
Partie Orientale de la Province de Québec
Détroit de Belle-Ile
Belle Ile
ILE DE TERRE-NEUVE
Ile d'Anticosti
Golfe St Laurent
Iles de la Madeleine
Ile Prince Edouard
Nouvelle Ecosse
Grande Miquelon
Petite Miquelon
St Pierre
Grand Banc de Terre Neuve

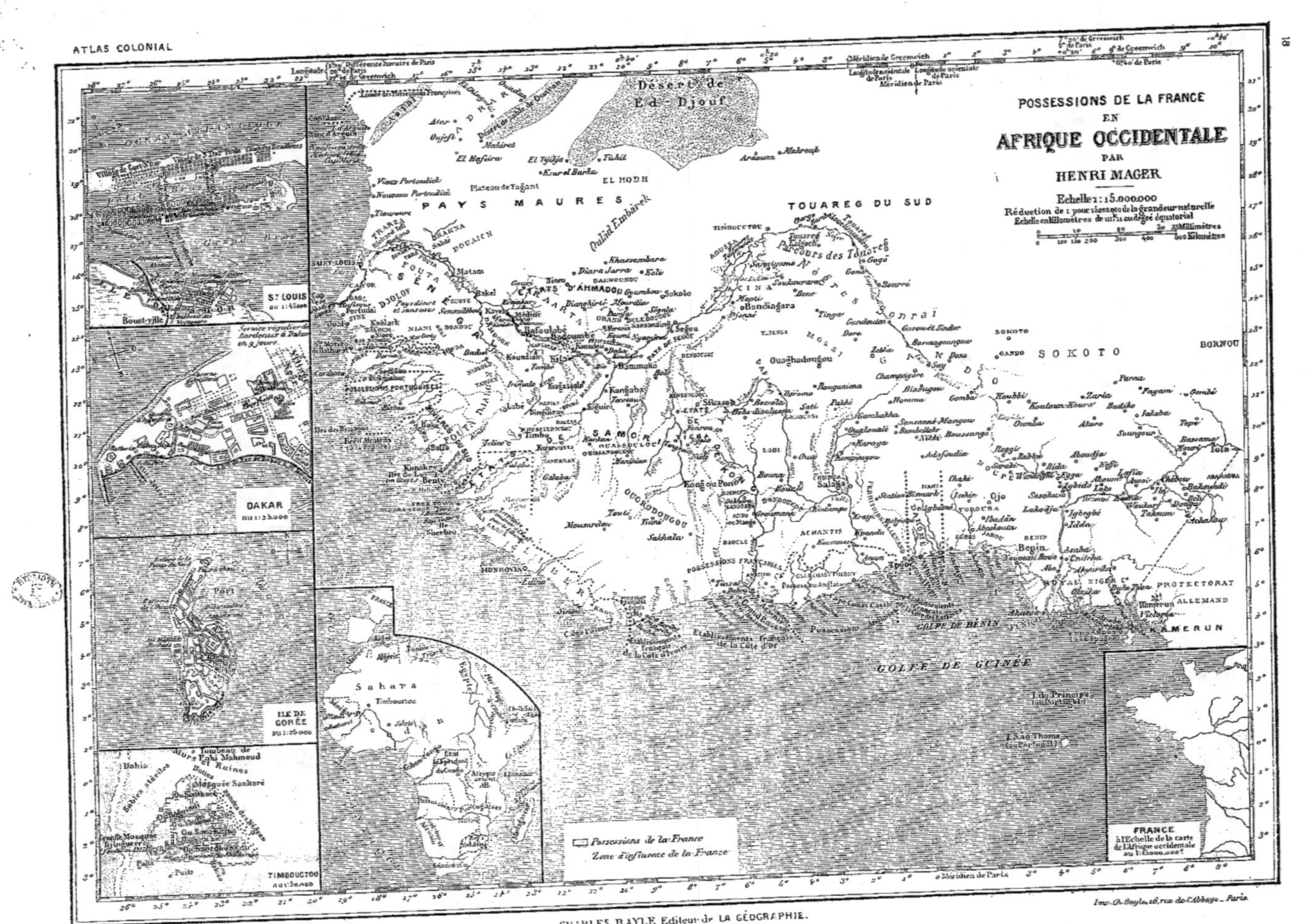

Gravé par A. Simon, 23, rue du Val-de-Grâce — Paris

CHARLES BAYLE, Éditeur de LA GÉOGRAPHIE.

Imp. Ch. Bayle, 16, rue de l'Abbaye — Paris

GABON-CONGO

PAR

HENRI MAGER

POSSESSIONS ALLEMANDES

POSSESSIONS PORTUGAISES

DISTRICT DE L'OUBANGHI-OUELLÉ

DISTRICT DE L'EQUATEUR

DISTRICT DU BATÉKÉ

DISTRICT DE SANGHLA

DISTRICT DES CATARACTES

Kamerun — Banghi — Monyembo — Goboy — Akoula — Bangala — Dolo

Fan — Okota — Bambou — Mboko — Boukanghi — Dé Congo

Fan ou Pahouin — Osyéba — Adouma — Madville — Obamba — Mbété — Apfourou — Mbessi — Bonga — Loukolela — N'gombi

Galoi — Ivili — Bakalai — Orico — Achango — Ongomo — Batéké — Diélé — Poste des Galois — Boloba — Bayanchi

Cap Lopes ou Mindji — Lambaréné — Franceville — Lékéti — Ascikouya

Bayaka — Baloumbo — Bavili — Bakouni — Ballah — Makoko — N'ganteheun — Batéké

Nyanga — Longo — Concoruti — Zile N'goma — Makobana — Edoumouth

Kitabi — Mayombé — Loango — Bakamba — Loudima-Niadi — Bonenza — Bakouéndé — Brazzaville — Nimpoko — Kinchassa — Léopoldville — STANLEY-POOL — Bassoundi

Grantville — Baie Loango — Pointe-Noire — Massabi — Bassoundi — Massabi Possessions Tandana Portugaises — Manyanga — Loukoungou — Loutété — Kundolo — Makouta

KONGO — BOMA — MATADI — Vivi — Boma-Matadi — Kinsouku — Rimpassé

San-Salvador

POSSESSIONS PORTUGAISES

Le Domaine DE LA FRANCE dans L'AFRIQUE OCCIDENTALE

SPAGNE — ALGÉRIE — MAROC — SAHARA — TRIPOLITAINE — PAYS DES TOUAREG — SOUDAN — Marrakech — Tripoli — Fezzan — Timbouctou — Ouadai — Bornou — Sokoto

GOLFE DE GUINÉE

GABON-CONGO

Echelle
1 : 60.000.000
Dix fois plus réduite que la carte principale.

Echelles

Réduction de 1 pour 6.000.000 de la grandeur naturelle

Echelle en Milles marins ou Mindts 1 de 60 au degré

LÉGENDE.

Stations et Postes Français
Territoire Français
Point d'arret des services fluviaux français
Services maritimes français
Services maritimes étrangers
Câbles sous-marins
Limites des Etats et des Possessions
Limites des Districts de l'Etat du Congo
Cours présumé des rivières inexplorées
Chûtes et rapides
Marécages
Projet de Chemin de fer

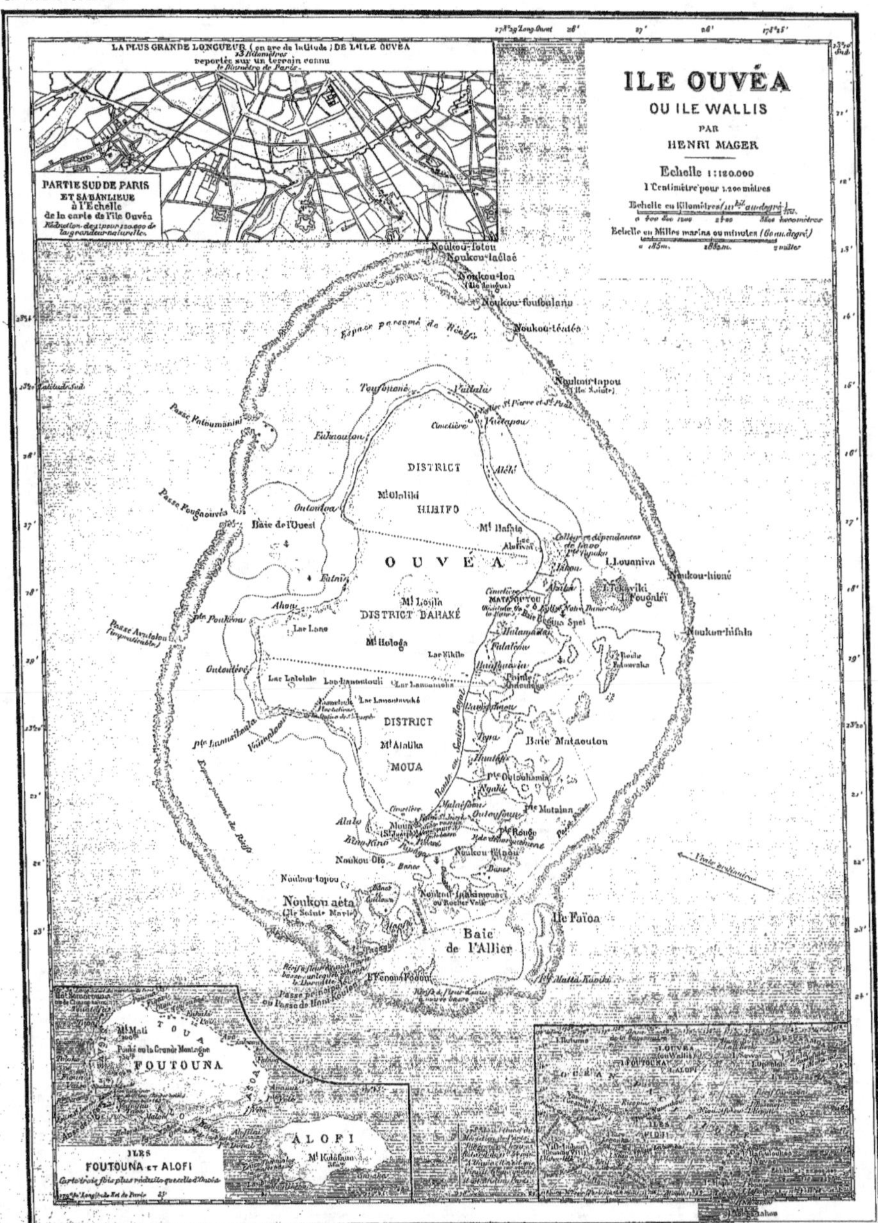
LA PLUS GRANDE LONGUEUR (en arc de latitude) DE L'ILE OUVÉA
reportée sur un terrain connu
PARTIE SUD DE PARIS
ET SA BANLIEUE
à l'Echelle
de la carte de l'Ile Ouvéa
ILE OUVÉA
OU ILE WALLIS
PAR
HENRI MAGER
Echelle 1:120.000
1 Centimètre pour 1.200 mètres
Echelle en Kilomètres
Echelle en Milles marins ou minutes
Noukou-fotou
Noukou-taélaé
Noukou-lon
Noukou-foutoulanu
Noukou-téatéa
Noukou-tapou
Espace parsemé de Récifs
Toufoutoné
Vaitala
Vailala
Cimetière
Victapou
Falnoulon
DISTRICT
HIHIFO
M. Olaliki
Passe Fatoumanini
Onteuloa
Baie de l'Ouest
M. Hafala
OUVÉA
Fatniu
Collège et dépendances
L. Louaniva
Noukou-hioné
Passe Fougaouvéa
Ahoa
Pte Poukoua
M. Loola
DISTRICT DAHAKÉ
M. Hologa
Lac Lano
Lac Nikilo
Noukou-hisin
Passe Avatolou
(impraticable)
Onteuteré
Lac Lalolaln
Lac Lanoutouli
Lac Lanoumoka
Lac Lamanta
DISTRICT
MOUA
M. Alalika
Baie Matacouton
Vaitupoloa
Pte Lanouteloa
Pte Outouhamia
Ngahi
Pte Mutaien
Cimetière
Alalo
Moua
Pte Rouge
Tino-Kino
Noukou-Ulnou
Noukou-Olo
Noukou-tapou
Noukou aéta
(Ile Sainte Marie)
Ile Faïoa
Baie
de l'Allier
I. Venou Fodou
M. Mala
Pointe ou la Grande Montagne
FOUTOUNA
TOUA
ALOFI
M. Kolofau
ILES
FOUTOUNA ET ALOFI

...es, tels que le Mé-Kong, le Mé-Nam, et formant des deltas très périodiquement ; une population dense y cultive le riz. ...tre partie, étroite, resserrée entre la mer de Chine et la ...de chaîne qui se détache du plateau oriental du Thibet et se ...ine au cap Saint-Jacques en Cochinchine, et où les cours d'eau ...une direction générale d'Ouest-Est ou N.-O.-S.-E.; ils sont ...néralement peu importants.

Population. — L'Indo-Chine est habitée par diverses races, ...origine commune probablement, mais qui ont acquis des différences profondes par les péripéties du développement de leurs civilisations : les Birmans, les Thays et les Cambodgiens, qui ont subi l'action des civilisateurs occidentaux-indous, et qui en ont gardé l'empreinte dans leur constitution aristocratique, dans leurs arts, leur religion, leur littérature, leurs langues pleines de mots-sanscrits ; les Annamites, qui se sont développés exclusivement sous l'influence chinoise. La nation annamite a annulé la royauté ; elle est conquérante et militaire, très homogène, envahissante.

L'Indo-Chine comprend : 1° L'Indo-Chine anglaise formée de la Birmanie anglaise et du Gouvernement des détroits, dant la ville principale est Singapore, dans l'île du même nom ;

2° Le royaume de Siam, qui tend à s'étendre vers le Mé-Kong, mais dont la frontière historique laisse Korat à l'ancien Cambodge ;

3° Les principautés laotiennes de la rive droite du Mé-Kong ;

4° Le domaine français de l'Indo-Chine, formé de la Cochinchine française au Sud-Ouest, du Tong-King au Nord-Est, du Cambodge administré par la Cochinchine, enfin de l'Annam qui s'étend, à l'Est, de la Cochinchine au Tong-King, et qui se trouve désormais sous la protection de la France.

COCHINCHINE

La Cochinchine française située entièrement dans la zone intertropicale par 8° 40', et 11° 3', de latitude Nord, a un climat assez difficile à supporter ; les maladies sont cependant peu nombreuses ; pour l'Européen ; il n'en existe qu'une, l'anémie, dont l'unique remède est le retour dans les régions tempérées.

Les saisons y sont nettement tranchées et suivent la marche de la mousson ; grande humidité pendant six mois avec une chaleur accablante, surtout du 15 avril au 15 juin ; puis, pendant que la mousson souffle du Nord-Est, du 15 octobre au 15 avril, cessation des pluies, abaissement de la température. Une partie encore couverte de forêts est sillonnée de nombreux cours d'eau ; sur le plus occidental est situé le port de Saïgon. Dans cette partie, les cultures ne se trouvent que dans le voisinage des rivières sur une couche tourbeuse d'une grande fertilité. Les rizières sont rares et maigres.

Une autre région formée par les alluvions du Mé-Kong, dont les neuf bouches jettent à la mer de Chine les eaux de 20 degrés de latitude, est bien différente comme aspect et comme fertilité. Toutes les îles fluviales sont couvertes de rizières et de jardins.

Le paysage est uniforme ; une plaine d'un vert glauque, où on rencontre des cocotiers, des bananiers, des palmiers, enfin une véritable végétation tropicale où s'élèvent à demi cachées les cases des indigènes.

Le bassin du Mé-Kong est cultivable partout où les eaux se sont écoulées ; le riz, base essentielle de l'alimentation des Asiatiques, y vient en abondance. Aussi les rives des fleuves sont-elles très peuplées : 1,700,000 habitants se pressent sur un million d'hectares, densité double de celle de la France, égale à celle de l'Inde et de la Chine.

Population. — La Cochinchine est une colonie annamite dont le peuplement date d'un siècle à peine. L'Annamite appartient à la race jaune ; il a les qualités du Chinois sans les défauts : brave, fidèle, laborieux, aimant l'instruction et le progrès ; en dehors de quelques catholiques (50,000), la majorité professe le Bouddhisme. Le village est la principale unité sociale ; le conseil des notables a des pouvoirs très étendus, le maire n'est que son délégué. L'habitation de l'Annamite est très simple : une charpente en bambou recouverte en feuilles de palmiers d'eau. Le riz et le poisson sont la base de l'alimentation journalière. Aujourd'hui presque tous les Annamites portent des souliers.

La population totale s'élève à 1,702,000, dont 5,000 Européens.

Saïgon, la capitale de notre Colonie, est aujourd'hui une ville magnifique, avec palais du gouverneur, hôtel des postes, collège, cathédrale, hôpital maritime, palais de justice, caserne, etc., plus belle qu'aucune ville européenne de 15,000 habitants comme elle. La Cochinchine ne coûte plus rien à la Métropole ; elle est destinée certainement à prendre un grand développement et nous devons faire de Saïgon le grand entrepôt de ces régions encore inconnues.

CAMBODGE

Autrefois, le Royaume de Cambodge comprenait tout le bassin inférieur du Mé-Kong, au sud du Sé-Moun, avec la Cochinchine française. Les ruines d'Ang-Kor, le temple de Bati, le Pont de Tahon, et tant d'autres monuments attestent un grand art et un puissant Empire. Au xvi° siècle, les Portugais, puis ensuite les Espagnols et les Hollandais s'y établirent ; la France y parut en 1658. Bientôt maîtresse des provinces annamites du delta du Mé-Kong, elle voulut mettre fin aux incursions des voisins sur le territoire cambodgien, et conclut le 11 août 1863, avec le roi Norodom, un traité plaçant son royaume sous le protectorat français. Depuis cette époque, nous avons un représentant à Pnom-Penh, capitale du Cambodge. En 1884, le 17 juin, le Norodom signa un nouveau traité dans un sens beaucoup plus avantageux à notre influence, et qui certainement ne se fera pas sans nuire aux intérêts du pays.

Le Cambodge n'a qu'un port maritime, Kampot, sur le golfe de Siam. C'est le centre d'un commerce de poivre important.

Dans ces montagnes boisées se trouvent des minerais de fer, de cuivre, du calcaire, du grès. Son plus grand fleuve est le Mé-Kong, qui se jette dans la mer de Chine par une infinité d'embouchures.

Population. — La population est d'à peu près un million d'habitants ; sa capitale en compte 30,000 ; on y rencontre des Cambodgiens, des Annamites, des Chinois, des Indiens, des Malais, etc. Le Cambodgien est grand, robuste, doux, paisible ; il pratique une variété du Bouddhisme, mais n'a aucun fanatisme religieux.

Productions. — On cultive au Cambodge : le riz, le maïs, le coton, la canne à sucre, le poivre, la gomme-gutte et l'indigotier. De nombreux pâturages permettent l'élevage des bœufs et des chevaux.

Commerce. — La pêche est l'une des principales industries ; ainsi le poisson salé ou séché représente chaque année un commerce d'exportation pour Saïgon, Singapore, qui s'élève à plus de 5 millions de francs.

LAOS CENTRAL

Les nombreuses petites principautés qui occupent les bords du Mé-Kong et qui dépendent en partie de l'Annam, portent le nom de Laos. Celles qui avoisinent le Tong-King nous intéressent plus particulièrement. Les routes sont rares, les cours d'eau ne sont praticables qu'à des pirogues de petites dimensions. On exploite le riz, l'écoton, la cannelle, les cornes, l'ivoire et le musc. La guerre a ravagé les plus riches campagnes et les troupeaux y sont devenus aussi rares qu'ils étaient nombreux.

TONG-KING

Le Tong-King, situé entre 17°3' et 23° de latitude Nord, est borné au Nord par des provinces chinoises, au Sud par l'Annam, à l'Est par le golfe du Tong-King, à l'Ouest par le Louang-Prabang et le Mé-Kong. Sa plus grande partie de la population, qui peut être évaluée à 12 ou 15 millions d'habitants, se presse dans le Delta formé par les bouches du Song-Koï ou Fleuve Rouge et par celles du Taï-Binh ; elle vient extrêmement dense. Les principales villes sont Hanoï (100,000 hab.) ; Nam-Dinh (50,000) ; Haï-Dzuong, Ninh-Binh, Haï-Phong, etc. Le Fleuve Rouge est la principale artère commerciale.

Dans le Delta, tout est plat et couvert de rizières ; des digues élevées formant des chaussées arrêtent les inondations du fleuve. Tous les villages sont entourés d'une ceinture de bambous.

Sur le littoral, bordé de falaises à pic, se trouve la baie d'Halong, vaste rade de 4 kilomètres entourée de rochers pouvant abriter les plus grands navires, et cela à proximité de grands gisements de charbon.

Le Tong-King produit du riz, de la soie, du coton, du thé, du tabac, de l'indigo, du ricin, l'arbre à vernis, la menuade, des bois d'ébénisterie et de construction magnifiques, des plantes tinctoriales et médicinales. On y trouve de l'or, de l'argent, du cuivre, du plomb, du fer, du mercure, du bismuth, de la houille. Dans les forêts vivent des singes, des tigres, des panthères, des éléphants ; on y élève d'excellents petits chevaux, des porcs, de la volaille, des zébus.

Les Tong-Kinois sont industrieux, intelligents et travailleurs. Ils fabriquent des meubles incrustés, des boîtes laquées, des broderies, des soieries, mais leur commerce vient à peine de s'ouvrir à l'intérieur. Grâce aux efforts de la France qui le tient sous son protectorat depuis le traité du 6 juin 1884, il est certain qu'avec une juste et sage administration, le Tong-King pourra développer sa population et sa richesse.

NOUVELLE-CALÉDONIE

La Nouvelle-Calédonie, qui est trois fois plus étendue que la Corse, présente comme elle l'aspect d'une chaîne de montagnes. Elle est partagée en deux parties inégales par une suite de massifs montagneux. L'île est entourée d'îlots dont le plus important est l'île des Pins, où furent internés 3,000 déportés en 1872. Le climat de la Nouvelle-Calédonie est favorable aux Européens. L'année se partage en deux saisons : 8 mois de printemps, 4 mois d'hivernage. En décembre, janvier, février et mars, des cyclones ravagent le pays. Les vents alizés du Sud-Est y entretiennent une fraîcheur bienfaisante. Le sol est très accidenté ; il y a des vallées de toute profondeur, des plaines, des marais ; les côtes sont entourées comme d'une muraille de coraux. Son sol est riche en minerais d'or, de cuivre, d'antimoine, de cobalt, et en charbon.

Depuis 1853 qu'elle est occupée par les Français, la Nouvelle-Calédonie a vu s'établir de nombreuses voies de communication. La route nationale doit faire le tour de l'île, se relier par des embranchements aux ports de la côte et traverser la chaîne centrale. De nombreux chemins sont en construction et on peut aller en voiture jusqu'à Bourail, à 225 kilomètres du chef-lieu. Depuis 1872, une ligne de bateaux à vapeur visite chaque mois les localités les plus importantes. Une ligne télégraphique fait le tour de l'île et dessert tous les centres.

Productions. — Plus de 100,000 têtes de bétail vivent dans les prairies naturelles ; les forêts sont remplies d'oiseaux. Depuis notre prise de possession, on cultive la maïs, le riz, le manioc, les haricots, et tous les légumes de nos potagers, puis le café et le tabac.

Population. — On compte actuellement 56,000 habitants à la Nouvelle-Calédonie, dont 11,000 transportés, forçats et libérés, et seulement 8,200 Français libres, habitant tous Nouméa, la capitale, ou les environs. À la Nouvelle-Calédonie, sont administrativement rattachées les îles Ouvéa (ou Wallis), Foutouna et Aléū.

NOUVELLES-HÉBRIDES

L'archipel des Nouvelles-Hébrides comprend trois groupes ; le groupe sud, où se trouve l'île Erromango dont les habitants sont encore anthropophages ; le groupe nord, qui comprend les îles Sandwich ; le troisième groupe qui comprend les îles de Lapérouse. L'aspect général en est ravissant. La végétation est partout luxuriante ; on y trouve de véritables forêts de cocotiers ; le sol est arrosé par de nombreux ruisseaux ; aussi les navires de passage y font-ils facilement provision d'eau. Il y a de nombreux mouillages, et les navires de la Compagnie Française les visitent périodiquement. Les chevaux, les bœufs, les porcs, les chèvres, les volailles, les chiens y ont été introduits ; les eaux sont poissonneuses et les coquilles nacrées abondent. On y obtient annuellement deux récoltes de maïs ; le café y est excellent. Le tabac, la vanille, le bananier, la patate douce, l'oranger, l'arbre à ivoire végétal y prospèrent.

Les Français qui avaient établi des postes militaires aux Nouvelles-Hébrides en 1882, à la demande réitérée des indigènes (ce qui aurait dû se faire en 1853 lors de la prise de possession de la Nouvelle-Calédonie, dont les Nouvelles-Hébrides sont géographiquement une dépendance), ont retiré leurs garnisons sous la pression de l'Angleterre ; une convention du 16 novembre 1889 stipule qu'une Commission, composée d'officiers français et d'officiers anglais, fera la police de ces îles.

ILES SALOMON

Les îles Salomon, situées un peu au nord des Nouvelles-Hébrides, furent découvertes par Mindaña en 1567 ; elles furent successivement visitées par Surville, Wallis et Bougainville. L'Archipel compte sept grandes îles entourées de nombreux îlots. En allant du Nord au Sud, on trouve : Saint-Christophe, en partie couverte de verdure ; Guadalcanar, dont les rivières roulent de l'or ; Malaïta ; Isabelle, la Nouvelle Géorgie ; Choiseul, qui possède la magnifique baie de Choiseul ; Bougainville, découverte en 1768 par Bougainville ; au nord de celle-ci, se trouve l'île Bouka.

Toutes les îles Salomon passent pour être très fertiles ; on y trouve des volailles, des cochons, des chiens, des perroquets, etc. Les habitants sont de race malaise et de race papoue.

Elles reviennent naturellement à la France, qui possède déjà tant près des Nouvelles-Hébrides et la Nouvelle-Calédonie ; l'Allemagne ne s'est pas moins emparée des îles les plus septentrionales du groupe ; l'Angleterre revendique le groupe méridional.

OCÉANIE FRANÇAISE

On donne le nom d'Établissements français de l'Océanie à l'ensemble des possessions françaises de l'Océan Pacifique, autres que la Nouvelle-Calédonie et ses dépendances. Nos possessions comprennent 5 archipels : 1° L'Archipel des îles de la Société, à savoir : les îles-du-Vent (Tahiti et Moorea), et les Sous-le-Vent de Tahiti (Raïatea, Huahine, Bora-Bora, Sally, Bellinghausen) ; la France exerçait son protectorat sur les îles-du-Vent, de 1842 à 1880 ; depuis 1880, Tahiti est colonie française. L'annexion à la France des îles-Sous-le-Vent (groupe occidental des îles de la Société) date récemment du 9 avril 1880, bien que par suite d'atermoiements difficiles à expliquer, la date officielle soit le 16 novembre 1887 ;

2° L'Archipel des îles Basses ou Tuamotu (se prononce Touamotou), 78 îles ;

3° L'Archipel des îles Marquises (11 îles) ; l'archipel Tubuaï (5 îles) ;

5° L'Archipel Gambier ou Mangareva (5 îles), avec Rapa. Nos Établissements sont un tout de cent îles rassemblées sur une étendue de mer de 400 lieues de l'Est à l'Ouest, et de 300 du Nord au Sud.

Le petit rocher de Clipperton, en face de l'ouverture du Panama, doit être le premier anneau de nos possessions océaniennes sur la route de Panama ; pour les possesseurs du Gambier, des Tuamotu, des Marquises, etc., les clefs de la voie de Panama sont Clipperton et les Nouvelles-Hébrides, la France ne doit pas l'oublier. Tahiti, la plus importante des possessions françaises dans le Pacifique après la Nouvelle-Calédonie, est située sous le tropique du Capricorne, par 18° de latitude australe. Lorsque le canal de Panama aura été creusé, Tahiti, et Rapa également, deviendront probablement les étapes les plus importantes du Pacifique. La population totale de Tahiti, de Moorea, des Gambier et des îles-Sous-le-Vent ne dépasse pas 25,000 âmes ; la plupart des Européens résident à Papeete, chef-lieu de Tahiti et de nos Établissements océaniens. Les habitants sont commerçants ; ils ont monté des usines à sucre et à coton, puis quelques exploitations agricoles ; les indigènes

livrent à la pêche. Le climat de toutes ces îles en général est délicieux, et les productions de toutes sortes y abondent.

TERRE-NEUVE

Terre-Neuve, qui appartenait autrefois à la France, a été cédée à l'Angleterre par le traité d'Utrecht en 1713. La France a conservé le droit de pêcher sur le Grand-Banc et sur une certaine étendue de côte appelée, à cause de cela, Côte française.

La rapacité déloyale des Anglais, jointe à la faiblesse de la diplomatie française, ont fait qu'aujourd'hui les Anglais partagent avec nous ce droit de pêche, qui nous était exclusivement réservé, aussi bien par le traité d'Utrecht que par ceux postérieurs de Paris, de Versailles, d'Amiens.

SAINT-PIERRE ET MIQUELON

Le groupe d'îles et d'îlots situé dans l'Atlantique par 46°46' de latitude Nord et 58° 30' de longitude Ouest ; savoir : Saint-Pierre, la Grande et la Petite-Miquelon, l'île aux Chiens, l'île aux Vainqueurs, l'île Massacre, l'île aux Moules, voilà ce qu'il nous reste de l'empire colonial de la France dans l'Amérique-du-Nord.

Saint-Pierre est un rocher déshérité, sans terre végétale ; cependant l'activité industrielle de ses habitants y fait pousser tous les fruits et une sorte de légumes de France ; chaque maison a son jardin. La Grande Miquelon ne se prête pas davantage à la culture agricole. Son sol est montagneux, coupé de marécages profonds, de tourbières ; la Petite Miquelon, au contraire, présente des coteaux boisés, des prairies, des bouquets de bois de sapins, de bambous, de sorbiers, de néfliers, des fermes assez nombreuses, où l'on cultive les céréales et où l'on élève des bestiaux ; cependant le climat est assez rude. Le chiffre de la mortalité n'est cependant pas élevé. C'est surtout dans la rade de Saint-Pierre, la seule à peu près sûre, que viennent mouiller les navires d'Europe et d'Amérique.

Population. — Les trois centres de population : Saint-Pierre, l'île aux Chiens (de la commune de Saint-Pierre) et Miquelon-Langlade comptaient ensemble en décembre 1885, 6,300 habitants.

Commerce. — Le commerce des îles Saint-Pierre-Miquelon a quadruplé en 40 ans. En 1886 elles ont exporté pour 11 millions et importé pour 13 millions. L'exportation consiste principalement en produits de pêche, les importations en denrées alimentaires, étoffes, ustensiles de ménage, articles de pêche. Le commerce avec la Métropole suit aussi une progression ascendante.

GUADELOUPE

Historique. — La Guadeloupe avec ses dépendances, et la Martinique, forment ce qu'on appelle les Antilles françaises. Elle est située dans l'Océan Atlantique, par 16° 14' et 14° 59'' de latitude Nord, et 63° de longitude Ouest. Elle a été découverte par Christophe Colomb en 1493. C'est en 1635 que Duplessis, parti de Dieppe, en prit possession au nom de la Compagnie des Indes, et, en 1674, elle fut réunie à la couronne. Prise à différentes époques par les Anglais : en 1794, en 1803, en 1815, elle appartient à la France depuis les traités de 1815. Elle est avec ses dépendances : La Désirade, Marie-Galante, les Saintes, Saint-Barthélemy et Saint-Martin, la colonie française où l'unification des mœurs et des institutions se soit faite plus que partout ailleurs. La Guadeloupe est comme séparée en deux par un bras de mer appelé Rivière Salée : à l'Ouest, la Guadeloupe ; à l'Est, la Grande-Terre.

Sur la côte se trouvent les ports du Grand-Moule, de la Basse-Terre et la Pointe-à-Pitre, capitale de la Grande-Terre, puis les mouillages secondaires de Port-Louis, Sainte-Anne, Saint-François.

Population, commerce, communications. — La population de la colonie est d'à peu près 183,000 habitants : la Basse-Terre, a 8,000, et la Pointe-à-Pitre 14,000. Cette dernière ville possède un tribunal, une justice de paix, un lycée, un Hôtel-Dieu, une banque coloniale, des chambres de commerce et d'agriculture, etc.

De nombreuses voies de communication et des lignes télégraphiques réunissent entre eux les principaux centres ; des chemins de fer d'exploitation privée sillonnent les campagnes, transportant aux usines les récoltes des plantations. Les échanges entre l'Europe et la colonie se font tous les huit jours.

La plus importante production de la Guadeloupe est la canne à sucre. Elle occupe plus de 52,000 travailleurs tant dans les plantations que dans les vingt usines qui fabriquent le sucre.

En 1886, la Guadeloupe a fabriqué 53,000,000 kilogrammes de sucre, dont plus de 37,000,000 ont été exportés.

La culture du café vient après celle de la canne ; elle en a donné 680,000 kilogrammes en 1886. Le tabac, le ricin, l'indigo, le casse, le gingembre y poussent partout. La distillerie a donné en 1886 2,598,000 litres de tafia et 3,000,000 litres de tafia et eaux-de-vie ont été exportés en France. De beaux pâturages et de magnifiques forêts constituent la richesse naturelle de cette précieuse colonie. En 1886, 1,417 navires, dont 535 français, sont entrés dans ses ports, ont importé pour 17,000,000 francs ; l'exportation s'est élevée à 16,000,000 francs.

L'instruction longtemps trop négligée s'y développe actuellement sous toutes ses formes.

MARTINIQUE

La Martinique découverte par Colomb en 1502, est située à 2° au sud de la Guadeloupe. Elle est à peu près la moitié de la Guadeloupe et le double du département de la Seine en superficie. Sa population est à peu près égale à celle de la Guadeloupe ,164,300 habitants. Comme elle, elle est traversée par une chaîne de montagnes d'où descendent de nombreux cours d'eau.

Son climat présente trois saisons : la saison fraîche, c'est le printemps des climats tempérés, elle commence en décembre, finit en mars ; la saison chaude et sèche ou l'été, elle va d'avril en juillet ; enfin la saison chaude et pluvieuse de juillet en novembre, c'est l'hivernage. Comme partout sous les tropiques, la nuit et le jour se succèdent sans aurore et sans crépuscule.

L'histoire de la Martinique ressemble à celle de la Guadeloupe ; elle subit les mêmes vicissitudes pendant la Révolution et l'Empire ; depuis 1815 elle nous appartient définitivement.

Fort-de-France, qui est la capitale, possède environ 12,000 habitants ; il y trouve une cour d'appel, un tribunal de 1re instance, une chambre de commerce, etc. C'est une tête de ligne pour les paquebots de la Compagnie Transatlantique.

Saint-Pierre, qui a 17,000 habitants, est le principal centre commercial ; il est relié à Fort-de-France par un service de bateaux à vapeur qui effectue le voyage deux fois par jour.

Les autres ports sont ceux de la Trinité, du Marin, et du Français.

Commerce. Productions. En 1886, 800 navires, jaugeant 250,000 tonneaux sont entrés dans les ports de la Martinique dans ces chiffres, la marine française compte pour 284 navires et 188,000 tonneaux. Le commerce se fait principalement avec la France, les États-Unis, l'Angleterre, l'Italie, Cuba, le Vénézuéla. La Martinique reçoit de France des chevaux, des mulets, des tissus, les articles de Paris ; meubles, parfumerie, orfèvrerie ; des chaînes agricoles, et autres. Elle nous expédie du sucre, du cacao, de la vanille, du campêche, du coton, du café, etc. Le nombre total des exploitations sucrières est de 510. En 1886, elle a produit 53,000,000 kilogrammes de sucre. Comme partout ailleurs, cette industrie subit en ce moment une crise sans précédent ; aussi essaie-t-on d'étendre les cultures du café, du coton, du tabac, etc. — L'enseignement public y est actuellement développé d'une façon satisfaisante, la moyenne y est supérieure à celle de la France. Saint-Pierre possède un lycée depuis 1881 ; une école normale de filles ; une école préparatoire de droit fonctionne à Fort-de-France ; ainsi qu'une école normale de garçons ; enfin une école professionnelle est annexée à la direction de l'artillerie. En résumé, la Martinique, par son organisation, par ses

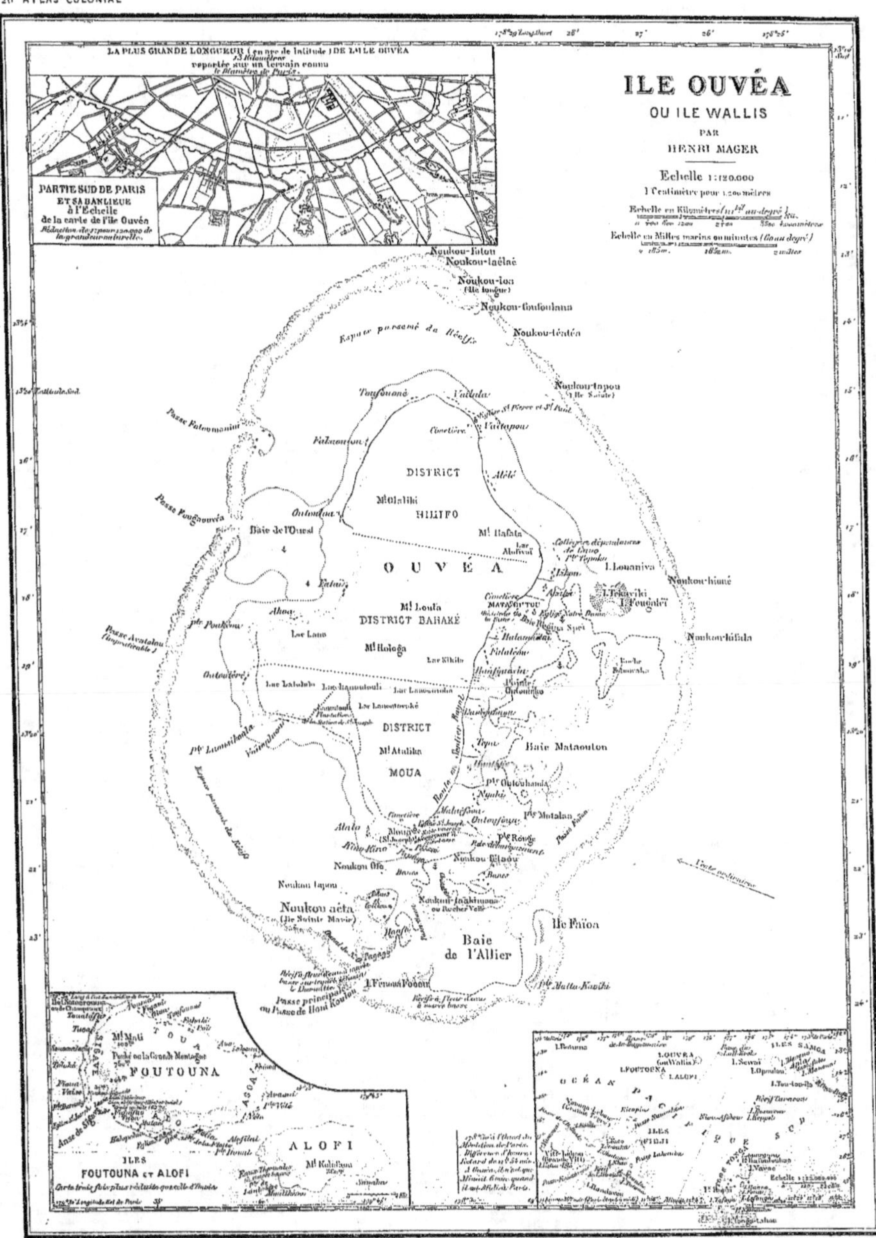
ILE OUVÉA
OU ILE WALLIS
PAR
HENRI MAGER
Echelle 1:120.000
1 Centimètre pour 1.200 mètres
Echelle en Kilomètres
Echelle en Milles marins ou minutes
LA PLUS GRANDE LONGUEUR (en arc de latitude) DE L'ILE OUVÉA
reportée sur un terrain connu
PARTIE SUD DE PARIS
ET SA BANLIEUE
à l'Echelle
de la carte de l'Ile Ouvéa
DISTRICT
HIHIFO
OUVÉA
DISTRICT BAHAKÉ
DISTRICT
MOUA
Baie de l'Ouest
Baie Mataouton
Baie de l'Allier
Passe Fatoumanini
Passe Fougouvéa
Passe Avatolou
Noukou-aéta
(Ile Sainte Marie)
Ile Faïoa
FOUTOUNA
ALOFI
ILES
FOUTOUNA et ALOFI
TOUA
I.OUVÉA
(ou Wallis)
I.FOUTOUNA
I.ALOFI
ILES SAMOA
OCÉAN PACIFIQUE SUD

res, tels que le Mé-Kong, le Mé-Nam, et formant des deltas ...és périodiquement ; une population dense y cultive le riz.

...tre partie, étroite, resserrée entre la mer de Chine et la ...de chaîne qui se détache du plateau oriental du Thibet et se ...ine au cap Saint-Jacques en Cochinchine, et où les cours d'eau ...une direction générale d'Ouest-Est ou N.-O.-S.-E. ; ils sont ...néralement peu importants.

Population. — L'Indo-Chine est habitée par diverses races, ...origine commune probablement, mais qui ont acquis des différences profondes par les péripéties du développement de leurs civilisations : les Birmans, les Thays et les Cambodgiens, qui ont subi l'action des civilisateurs occidentaux-Indous, et qui en ont gardé l'empreinte dans leur constitution aristocratique, dans leurs arts, leur religion, leur littérature, leurs langues pleines de mots sanscrits ; les Annamites, qui se sont développés exclusivement sous l'influence chinoise. La nation annamite a annulé la royauté ; elle est conquérante et militaire, très homogène, envahissante.

L'Indo-Chine comprend : 1° L'Indo-Chine anglaise formée de la Birmanie anglaise et du Gouvernement des détroits, dont la ville principale est Singapore, dans l'île du même nom ;

2° Le royaume de Siam, qui tend à s'étendre vers le Mé-Kong, mais dont la frontière historique laisse Korat à l'ancien Cambodge ;

3° Les principautés laotiennes de la rive droite du Mé-Kong ;

4° Le domaine français de l'Indo-Chine, formé de la Cochinchine française au Sud-Ouest, du Tong-King au Nord-Est, du Cambodge administré par la Cochinchine, enfin de l'Annam qui s'étend, à l'Est, de la Cochinchine au Tong-King, et qui se trouve désormais sous la protection de la France.

COCHINCHINE

La Cochinchine française située entièrement dans la zone intertropicale par 8° 40', et 11° 3', de latitude Nord, a un climat assez difficile à supporter ; les maladies sont cependant peu nombreuses ; pour l'Européen ; il n'en existe qu'une, l'anémie, dont l'unique remède est le retour dans les régions tempérées.

Les saisons y sont nettement tranchées et suivent la marche de la mousson ; grande humidité pendant six mois avec une chaleur accablante, surtout du 15 avril au 15 juin ; puis, pendant que la mousson souffle du Nord-Est, du 15 octobre au 15 avril, cessation des pluies, abaissement de la température. Une partie encore couverte de forêts est sillonnée de nombreux cours d'eau ; sur le plus occidental est situé le port de Saigon. Dans cette partie, les cultures ne se trouvent que dans le voisinage des rivières sur une couche tourbeuse d'une grande fertilité. Les rizières sont rares et maigres.

Une autre région formée par les alluvions du Mé-Kong, dont les neuf bouches ajoutent à la mer de Chine les eaux de 20 degrés de latitude, est bien différente comme aspect et comme fertilité. Toutes les îles fluviales sont couvertes de rizières et de jardins.

Le paysage est uniforme ; une plaine d'un vert glauque, où on rencontre des cocotiers, des bananiers, des palmiers, enfin une véritable végétation tropicale où s'élèvent à demi cachées les cases des indigènes.

Le bassin du Mé-Kong est cultivable partout où les eaux se sont écoulées ; le riz, base essentielle de l'alimentation des Asiatiques, y vient en abondance. Aussi les rives des fleuves sont-elles très peuplées : 1.200,000 habitants se pressent sur un million d'hectares, densité double de celle de la France, égale à celle de l'Inde et de la Chine.

Population. — La Cochinchine est une colonie annamite dont le peuplement date d'un siècle à peine. L'Annamite appartient à la race jaune ; il a les qualités du Chinois sans les défauts : brave, fidèle, laborieux, aimant l'instruction et le progrès ; en dehors de quelques catholiques (50,000), la majorité professe le Bouddhisme. Le village est la principale unité sociale ; le conseil des notables a des pouvoirs très étendus, le maire n'est que son délégué. L'habitation de l'Annamite est très simple : une charpente ou bambou recouverte en feuilles de palmiers d'eau. Le riz et le poisson sont la base de l'alimentation journalière. Aujourd'hui presque tous les Annamites portent des souliers.

La population totale s'élève à 1.792,000, dont 5,000 Européens. Saïgon, la capitale de notre Colonie, est aujourd'hui une ville magnifique, avec palais du gouverneur, hôtel des postes, collège, cathédrale, hôpital maritime, palais de justice, caserne, etc., plus belle qu'aucune ville européenne de 15,000 habitants comme elle. La Cochinchine ne coûte plus rien à la Métropole ; elle est destinée certainement à prendre un grand développement et nous devons faire de Saïgon le grand entrepôt de ces régions encore inconnues.

CAMBODGE

Autrefois, le Royaume de Cambodge comprenait tout le bassin inférieur du Mé-Kong au sud du Sé-Moun, avec la Cochinchine française. Les ruines d'Ang-Kor, le temple de Bati, le Pont de Tahon, et tant d'autres monuments attestent un grand art et un puissant Empire. Au XVIe siècle, les Portugais, puis ensuite les Espagnols et les Hollandais s'y établirent et y fondèrent des comptoirs. La France y perdit en 1858. Bientôt malaxeux des provinces annamites du delta du Mé-Kong, elle voulut mettre fin aux incursions des voisins sur le territoire cambodgien, et conclut le 11 août 1863, avec le roi Norodom, un traité plaçant son royaume sous le protectorat français. Depuis cette époque, nous avons un représentant à Pnom-Penh, capitale du Cambodge. En 1884, le 17 juin, le roi Norodom signa un nouveau traité dans un sens beaucoup plus avantageux à notre influence, et qui certainement ne le sera pas moins aux intérêts du pays.

Le Cambodge n'a qu'un port maritime, Kampot, sur le golfe de Siam. C'est le centre d'un commerce de poivre important.

Dans ces montagnes boisées se trouvent des minerais de fer, de cuivre, du calcaire, en grès. Son plus grand fleuve est le Mé-Kong, qui se jette dans la mer de Chine par une infinité d'embouchures.

Population. — La population est d'à peu près un million d'habitants ; sa capitale en compte 30,000 ; on y rencontre des Cambodgiens, des Annamites, des Chinois, des Indiens, des Malais, etc.

Le Cambodgien est grand, robuste, doux, paisible ; il pratique une variété du Bouddhisme, mais n'a aucun fanatisme religieux.

Productions. — On cultive au Cambodge : le riz, le maïs, le coton, la canne à sucre, le tabac, le poivre, la gomme-gutte et l'indigotier. De nombreux pâturages permettent l'élevage des bœufs et des chevaux.

Commerce. — La pêche est l'une des principales industries ; aussi le poisson salé ou séché représente chaque année un objet de commerce d'exportation pour Saïgon, Singapore, qui s'élève à plus de 3 millions de francs.

LAOS CENTRAL

Les nombreuses petites principautés qui occupent les bords du Mé-Kong et qui dépendent en partie de l'Annam, portent le nom de Laos. Celles qui avoisinent le Tong-King nous intéressent plus particulièrement. Les routes sont rares, les cours d'eau ne sont praticables qu'à des pirogues de petites dimensions. On y exploite le riz, le coton, la cannelle, les cornes, l'ivoire et le musc. La guerre a ravagé les plus riches campagnes et les troupeaux y sont devenus aussi rares qu'ils étaient nombreux.

TONG-KING

Le Tong-King, situé entre 17°3' et 23° de latitude Nord, est borné au Nord par des provinces chinoises, au Sud par l'Annam, à l'Est par le golfe du Tong-King, à l'Ouest par le Louang-Prabang et le Mé-Kong. La plus grande partie de la population ; on peut dire évaluée à 12 ou 15 millions d'habitants, se presse dans le Delta formé par les bouches du Song-Koï ou Fleuve Rouge et par celles du Tai-Binh ; elle y est extrêmement dense. Les principales villes sont Hanoï (100,000 hab.) ; Nam-Dinh (50,000) ; Hai Duong, Ninh-Binh, Haï-Phong, etc. Le Fleuve Rouge est la principale artère commerciale.

Dans le Delta, tout est plat et couvert de rizières ; des digues élevées formant des chaussées arrêtent les inondations du fleuve. Tous les villages sont entourés d'une ceinture de bambous.

Sur le littoral, bordé de falaises à pic, se trouve la baie d'Halong, vaste rade de 4 kilomètres entourée de rochers pouvant abriter les plus grands navires, et cela à proximité de grands gisements de charbon.

Le Tong-King produit du riz, de la soie, du coton, du thé, du tabac, de l'indigo, du ricin, l'arbre à vernis, la muscade, des bois d'ébénisterie et de construction magnifiques, des plantes tinctoriales et médicinales. On y trouve de l'or, de l'argent, du cuivre, du plomb, de fer, du mercure, du bismuth, de la houille. Dans les forêts vivent des singes, des tigres, des panthères, des éléphants ; on y élève d'excellents petits chevaux, des porcs, de la volaille, des zébus.

Les Tong-Kinois sont industrieux, intelligents et travailleurs. Ils fabriquent des meubles incrustés, des boîtes laquées, des broderies, des soieries, mais leur commerce vient à peine de s'ouvrir à l'intérieur. Grâce aux efforts de la France qui le tient sous son protectorat depuis le traité du 6 juin 1884, il est certain qu'avec une juste et sage administration, le Tong-King pourra développer sa population et sa richesse.

NOUVELLE-CALÉDONIE

La Nouvelle-Calédonie, qui est trois fois plus étendue que la Corse, présente comme elle l'aspect d'une chaîne de montagnes. Elle est partagée en deux parties inégales par une suite de massifs montagneux. L'île est entourée d'îlots dont le plus important est l'île des Pins, où furent internés 3,000 déportés en 1872. Le climat de la Nouvelle-Calédonie est favorable aux Européens. L'année se partage en deux saisons : 8 mois de printemps, 4 mois d'hivernage. En décembre, janvier, février et mars, des cyclones ravagent le pays. Les vents alizés du Sud-Est y entretiennent une fraîcheur bienfaisante. Le sol est très accidenté ; il y a des vallées de toute profondeur, des plaines, des marais ; les côtes sont entourées comme d'une muraille de coraux. Son sol est riche en minerais d'or, de cuivre, d'antimoine, de cobalt, et en charbon.

Depuis 1853 qu'elle est occupée par les Français, la Nouvelle-Calédonie a vu s'établir de nombreuses voies de communication. La route nationale doit faire le tour de l'île, se relier par des embranchements aux ports de la côte et traverser la chaîne centrale. De nombreux chemins sont en construction et on peut aller en voiture jusqu'à Bourail, à 225 kilomètres du chef-lieu. Depuis 1872, une ligne de bateaux à vapeur visite chaque mois les localités les plus importantes. Une ligne télégraphique fait le tour de l'île et dessert tous les centres.

Productions. — Plus de 100,000 têtes de bétail vivent dans les prairies naturelles ; les forêts sont remplies d'oiseaux. Depuis notre prise de possession, on cultive le maïs, le riz, le manioc, les haricots et tous les légumes de nos potagers, puis le café et le tabac.

Population. — On compte actuellement 56,000 habitants à la Nouvelle-Calédonie, dont 11,000 transportés, forçats et libérés, seulement 5.200 Français libres, habitant tous Nouméa, la capitale ou les environs. A la Nouvelle-Calédonie, sont administrativement rattachées les îles Ouvéa (ou Wallis), Foutouna et Aloï.

NOUVELLES-HÉBRIDES

L'archipel des Nouvelles-Hébrides comprend trois groupes : le groupe sud, où se trouve l'île *Erromango* dont les habitants sont encore anthropophages ; le groupe nord, qui comprend les *îles Sandwich* ; le troisième groupe qui comprend les *îles de Lapérouse*. L'aspect général en est ravissant. La végétation est partout luxuriante ; on y trouve de véritables forêts de cocotiers ; le sol est arrosé par de nombreux ruisseaux ; aussi les navires de passage y font-ils facilement provision d'eau. Il y a de nombreux mouillages et les navires de la *Compagnie Française* les visitent périodiquement. Les chevaux, les bœufs, les porcs, les chèvres, les volailles, les chiens y ont été introduits ; les eaux sont poissonneuses et les coquilles nacrées abondent. On y obtient annuellement deux récoltes de maïs ; le café y est excellent. Le tabac, la vanille, le bananier, la patate douce, l'oranger, l'arbre à ivoire végétal y prospèrent.

Les Français qui avaient établi des postes militaires aux Nouvelles-Hébrides en 1883, à la demande réitérée des indigènes (ce qui aurait dû se faire en 1853 lors de la prise de possession de la Nouvelle-Calédonie, dont les Nouvelles-Hébrides sont géographiquement une dépendance), ont retiré leurs garnisons sous la pression de l'Angleterre ; une convention du 16 novembre 1886 stipule qu'une Commission, composée d'officiers français et d'officiers anglais, fera la police de ces îles.

ILES SALOMON

Les îles Salomon, situées un peu au nord des Nouvelles-Hébrides, furent découvertes par Mindana en 1567 ; elles furent successivement visitées par Surville, Wallis et Bougainville. L'Archipel compte sept grandes îles entourées de nombreux îlots. En allant du Nord au Sud, on trouve : *Saint-Christophe*, en partie couverte de verdure ; *Guadalcanar*, dont les rivières roulent de l'or ; *Malaïta* ; *Isabelle*, la plus importante, avec sa magnifique *Baie des Mille-Vaisseaux* ; la *Nouvelle Géorgie* ; *Choiseul*, qui possède la magnifique baie de Choiseul ; *Bougainville*, découverte en 1768 par Bougainville ; au nord de celle-ci, se trouve l'*île Bouka*.

Toutes les îles Salomon passent pour être très fertiles ; on y trouve des volailles, des cochons, des chiens, des perroquets, etc. Les habitants sont de race malaise et de race papoue.

Elles reviennent naturellement à la France, qui possède déjà tout près les Nouvelles-Hébrides et la Nouvelle-Calédonie ; l'Allemagne ne s'est pas moins emparée des îles les plus septentrionales du groupe ; l'Angleterre revendique le groupe méridional.

OCÉANIE FRANÇAISE

On donne le nom d'*Établissements français de l'Océanie* à l'ensemble des possessions françaises de l'Océan Pacifique, autres que la Nouvelle-Calédonie et ses dépendances. Nos possessions comprennent 5 archipels : 1° L'Archipel des îles de la Société, à savoir : les Îles-du-Vent (Tahiti et Moorea), et Îles Sous-le-Vent de Tahiti (Ralaten, Huahine, Bora-Bora, Sally, Bellingshausen) ; la France exerçait son protectorat sur les Îles-du-Vent, de 1842 à 1880 ; depuis 1880, Tahiti est colonie française. L'annexion à la France des Îles-Sous-le-Vent (groupe occidental des îles de la Société) date réellement du 9 avril 1880, bien que par suite d'atermoiements difficiles à expliquer, la date officielle soit le 16 novembre 1887 ;

2° L'Archipel des îles Basses ou Tuamotu (se prononce Touamotou). 78 îles ;

3° L'Archipel des îles Marquises (11 îles) ; l'archipel Tubuaï (5 îles) ;

5° L'Archipel Gambier ou Mangareva (5 îles), avec Rapa. Nos Établissements sont en tout de cent îles rassemblées sur une étendue de mer de 400 lieues de l'Est à l'Ouest, et de 300 du Nord au Sud.

Le petit rocher de Clipperton, en face de l'ouverture de Panama, doit être le premier anneau de nos possessions océaniennes sur la route de Panama ; pour les possesseurs de Gambier, des Tuamotu, des Marquises, etc., les clefs de la voie de Panama sont Clipperton et les Nouvelles-Hébrides, la France ne doit pas l'oublier. Tahiti, la plus importante des possessions françaises dans le Pacifique après la Nouvelle-Calédonie, est située sous le tropique du Capricorne, par 18° de latitude australe. Lorsque le canal de Panama aura été creusé, Tahiti, et Rapa également, deviendront probablement les étapes les plus importantes du Pacifique. La population totale de Tahiti, de Moorea, des Gambier et des Îles-Sous-le-Vent ne dépasse pas 25,000 âmes ; la plupart des Européens résident à Papeete, chef-lieu de Tahiti et de nos Établissements océaniens. Les habitants sont commerçants : ils ont monté des usines à sucre et à coton, puis quelques exploitations agricoles ; les indigènes se livrent à la pêche. Le climat de toutes ces îles en général est délicieux, et les productions de toutes sortes y abondent.

TERRE-NEUVE

Terre-Neuve, qui appartenait autrefois à la France, a été cédée à l'Angleterre par le traité d'Utrecht en 1713. La France a conservé le droit de pêcher sur le Grand-Banc et sur une certaine étendue de côte appelée, à cause de cela, *Côte française*.

La rapacité déloyale des Anglais, jointe à la faiblesse de la diplomatie française, ont fait qu'aujourd'hui les Anglais partagent avec nous ce droit de pêche, qui nous était exclusivement réservé aussi bien par le traité d'Utrecht que par ceux postérieurs de Paris, de Versailles, d'Amiens.

SAINT-PIERRE ET MIQUELON

Le groupe d'îles et d'îlots situé dans l'Atlantique par 46° 46' de latitude Nord et 59° 30' de longitude Ouest : savoir *Saint-Pierre*, la *Grande* et la *Petite Miquelon*, l'*île aux Chiens*, l'*île aux Vainqueurs*, l'*île Massacre*, l'*île aux Moules*, voilà ce qu'il nous reste de l'empire colonial de la France dans l'Amérique du Nord.

Saint-Pierre est un rocher déshérité, sans terre végétale ; cependant l'activité industrielle de ses habitants y fait pousser tous les fruits et tous les légumes de France ; chaque maison a son jardin.

— La *Grande Miquelon* ne se prête pas davantage à la culture agricole. Son sol est montagneux, coupé de marécages profonds, de tourbières ; la *Petite Miquelon*, au contraire, présente des coteaux boisés, des prairies, des bouquets de bois de sapins, de bambous, de sorbiers, de néfliers, des fermes assez nombreuses, où l'on cultive les céréales et où l'on élève des bestiaux ; cependant le climat est assez rude. Le chiffre de la mortalité n'est cependant pas élevé. C'est surtout dans la rade de Saint-Pierre, la seule à peu près sûre, que viennent mouiller les navires d'Europe et d'Amérique.

Population. — Les trois centres de population : Saint-Pierre, l'île aux Chiens (de la commune de Saint-Pierre) et Miquelon-Langlade comptaient ensemble en décembre 1885, 6,300 habitants.

Commerce. — Le commerce des îles Saint-Pierre-Miquelon a quadruplé en 40 ans. En 1885 elles ont exporté pour 11 millions et importé pour 13 millions. L'exportation consiste principalement en produits de pêche, les importations en denrées alimentaires, étoffes, ustensiles de ménage, articles de pêche. Le commerce avec la Métropole suit aussi une progression ascendante.

GUADELOUPE

Historique. — La Guadeloupe avec ses dépendances, et la Martinique, forment ce qu'on appelle les Antilles françaises. Elle est située dans l'Océan Atlantique, par 16° 14' et 14° 59' de latitude Nord, et 63° de longitude Ouest. Elle a été découverte par Christophe Colomb en 1493. C'est en 1635 que Duplessis, parti de Dieppe, en prit possession au nom de la Compagnie des Indes, et, en 1674, elle fut réunie à la couronne. Prise à différentes époques par les Anglais : en 1794, en 1803, et en 1813, elle appartient à la France depuis les traités de 1815. Elle est avec ses dépendances : La Désirade, Marie-Galante, les Saintes, Saint-Barthélemy et Saint-Martin, la colonie française où l'amélioration des mœurs et des institutions se soit faite plus que partout ailleurs. La Guadeloupe est comme séparée en deux par un bras de mer appelé *Rivière Salée* à l'Ouest, la Guadeloupe ; à l'Est, la Grande-Terre.

Sur la côte se trouvent les ports du Grand-Moule, de la Basse-Terre et de la Pointe-à-Pitre, capitale de la Grande-Terre, puis les mouillages secondaires de Port-Louis, Sainte-Anne, Saint-François.

Population, commerce, communications. — La population de la colonie est d'à peu près 183,000 habitants ; la capitale, la Basse-Terre, en a 8,000, et la Pointe-à-Pitre 14,000. Cette dernière ville possède un tribunal, une justice de paix, un lycée, un Hôtel-Dieu, une banque coloniale, des chambres de commerce et d'agriculture, etc.

De nombreuses voies de communication et des lignes télégraphiques réunissent entre eux les principaux centres ; des chemins de fer d'exploitation privée sillonnent les campagnes, transportant aux usines les récoltes des plantations. Les échanges entre l'Europe et la colonie se font tous les huit jours.

La plus importante production de la Guadeloupe est la canne à sucre. Elle occupe plus de 52,000 travailleurs tant dans les plantations que dans les vingt usines qui fabriquent le sucre.

En 1885, la Guadeloupe a fabriqué 53,000,000 kilogrammes de sucre, dont plus de 37,000,000 ont été exportés.

La culture du café vient après celle de la canne ; elle en a donné 680,000 kilogrammes en 1886. Le tabac, le ricin, l'indigo, la casse, le gingembre y poussent partout. La distillerie a donné en 1886 2,588,000 litres de tafia et 3,000,000 litres de tafia et eaux-de-vie ont été exportés en France. De beaux pâturages et de magnifiques forêts complètent la richesse naturelle de cette précieuse colonie. En 1886, 1,417 navires, dont 835 français, sont entrés dans ses ports, ont importé pour 17,000,000 francs ; l'exportation s'est élevée à 16,000,000 francs.

L'instruction longtemps trop négligée s'y développe actuellement sous toutes ses formes.

MARTINIQUE

La Martinique découverte par Colomb en 1502, est située à 2° au sud de la Guadeloupe. Elle est à peu près la moitié de la Guadeloupe et le double du département de la Seine en superficie. Sa population est à peu près égale à celle de la Guadeloupe, 164,300 habitants. Comme elle, elle est traversée par une chaîne de montagnes d'où descendent de nombreux cours d'eau.

Son climat présente trois saisons : la saison fraîche, c'est le printemps des climats tempérés, elle commence en décembre, finit en mars ; la saison chaude et sèche ou l'été, elle va d'avril en juillet ; enfin la saison chaude et pluvieuse de juillet en novembre, c'est l'hivernage. Comme partout sous les tropiques, la nuit et le jour se succèdent sans aurore et sans crépuscule.

L'histoire de la Martinique ressemble à celle de la Guadeloupe ; elle subit les mêmes vicissitudes pendant la Révolution et l'Empire ; depuis 1815 elle nous appartient définitivement.

Fort-de-France, qui en est la capitale, possède environ 12,000 habitants ; il s'y trouve une cour d'appel, un tribunal de 1re instance, une chambre de commerce, etc. C'est une tête de ligne pour les paquebots de la Compagnie Transatlantique.

Saint-Pierre, qui a 17,000 habitants, est le principal centre commercial : il est relié à Fort-de-France par un service de bateaux à vapeur qui effectue le voyage deux fois par jour.

Les autres ports sont ceux de la Trinité, du Marin et du Français.

Commerce. Productions. En 1886, 800 navires, jaugeant 320,000 tonneaux sont entrés dans les ports de la Martinique ; dans ces chiffres, la marine française compte pour 284 navires et 188,000 tonneaux. Le commerce se fait principalement avec la France, les États-Unis, l'Angleterre, l'Italie, Cuba, le Venezuela. La Martinique reçoit de France des chevaux, des mulets, des tissus, les articles de Paris : meubles, parfumerie, orfèvrerie ; des machines agricoles, et autres. Elle nous expédie du sucre, du rhum, du cacao, de la vanille, du campêche, du coton, du café, etc. Le nombre total des exploitations sucrières est de 510. En 1886, elles ont produit 53,000,000 kilogrammes de sucre. Comme partout ailleurs, cette industrie subit en ce moment une crise sans précédent ; aussi essaie-t-on d'étendre les cultures du café, du coton, du tabac, etc. — L'enseignement public y est actuellement développé d'une façon satisfaisante ; la moyenne n'est pas inférieure à celle de la France. Saint-Pierre possède un lycée depuis 1881 et une école normale de filles ; une école préparatoire de droit fonctionne à Fort-de-France, ainsi qu'une école normale de garçons ; enfin une école professionnelle est annexée à la direction de l'artillerie. En résumé, la Martinique, par son organisation, par les mœurs et les aspirations de ses habitants, peut être considérée comme un véritable département français, ce qui prouve que la France a puissamment la faculté d'assimiler les colonies qu'elle fonde.

GUYANE

La Guyane française, située au nord-est de l'Amérique du Sud, est une forêt, étagée de la côte aux montagnes centrales qui séparent les eaux de l'Amazone de celles de l'Atlantique.

Son climat n'est pas malsain à la condition, pour l'Européen, qu'il s'astreigne aux règles de l'hygiène et ne se livre à aucun labeur pénible. Les voies de communication y sont inconnues ; l'industrie y est à peu près nulle et le commerce fort peu développé.

Productions. — La culture est primitive et peu développée ; on pourrait cependant y cultiver le maïs, le manioc, le riz, le cocotier, les pistaches, le caoutchouc, l'indigo, le tabac, les épices, etc. ; toutes ces cultures ont réussi autrefois.

Le commerce total atteint à peine 10,000,000 de francs. Le pays est cependant fort riche en minéraux : on y trouve du fer, du plomb, du cuivre, de l'argent, de l'or et de la houille. Mais l'exploitation de l'or est l'unique travail de la colonie.

Population. — La population de la Guyane est excessivement mélangée ; elle s'élève à 27,000 habitants et fonctionnaires, dont 1,500 Français, y compris la troupe, qui habitent Cayenne, le chef-lieu.

Les autres sont des créoles nègres ou blancs, des Chinois, des Nègres, puis 3,500 forçats employés à la construction des routes.

GABON-CONGO

Le Congo français représente à peu près un grand triangle qui s'étend entre la Côte occidentale d'Afrique et le cours inférieur du fleuve de ce nom jusqu'à 4°,15 de latitude nord. De là devront s'ouvrir les voies de communication avec l'Afrique centrale.

Il est ainsi limité : à l'Ouest par la Côte occidentale entre la rivière Campo et le Chiloango, au Sud par le Chiloango, à l'Est par le Congo depuis Manianga et par l'Oubanghi ; notre possession du Gabon n'est plus qu'une enclave du Congo français que nous devons à la mission de l'Ouest-Africain dirigée par de Brazza.

La zone maritime ne s'étend guère qu'à 200 kilomètres de la côte. Là commence un massif accidenté d'une largeur de 200 à 300 kilomètres, puis au delà s'ouvre le bassin central du Congo.

De Brazzaville à Vivi et Matadi, le Congo présente de nombreuses chutes, des pentes rapides qui rendent ce fleuve impropre aux relations commerciales. Pour obvier à cette situation et amener économiquement jusqu'à la côte les produits naturels de l'immense bassin du Congo, on a projeté une route qui, partant de Brazzaville, gagnerait, sur territoire français, la partie navigable du Kouillou-Niari ; grâce à cette route commerciale et au service maritime mensuel, sous pavillon français, entre Loango, Libreville et la France, les denrées descendront à Brazzaville par la voie du Congo ne seront qu'à dix jours des ports de France.

Sur la rive droite du Congo, le premier affluent important est l'Alima, rivière navigable jusqu'à la station de Diélé.

Productions. — Le minerai de fer que les indigènes savent traiter par la méthode catalane se rencontre partout ; le cuivre est abondant dans certaines zones des terrasses ; on le trouve mêlé au plomb et à l'argent.

A l'intérieur de la zone maritime poussent le palmier, le bananier, le santal rouge, l'ébène, le copal, le bambou, l'ocoumé, avec lequel on fabrique les pirogues d'une seule pièce.

Les plantes alimentaires, le manioc, l'igname, le maïs, la canne à sucre, abondent au Gabon. Le tabac croît partout ; le coton et le café y réussissent, le caoutchouc recueilli par incision dans l'écorce de la liane Ndambo est, avec l'ivoire, l'objet du plus important commerce de l'Ouest-Africain.

Parmi les animaux domestiques, nous citerons la poule, le cabri, le mouton, le chien, le porc, le canard ; le bœuf y est inconnu, ainsi que l'âne, le cheval, le chameau. En revanche, on y trouve des éléphants, des antilopes, des hippopotames, etc.

Population. — La population est distribuée fort inégalement ; elle n'est agglomérée que sur les bords des cours d'eau, dans les localités les plus favorisées au double point de vue des ressources alimentaires et des relations commerciales.

Les populations noires de ces régions sont dans un état de civilisation rudimentaire misérable, pratiquant le fétichisme et la polygamie. L'esclavage n'existe que chez certaines tribus. Les Fans Makay sont anthropophages.

Climat. — Dans tout le Gabon-Congo, il tombe des averses journalières pendant sept ou huit mois de l'année qui rendent supportable la chaleur très élevée. Cette saison des pluies est à redouter dans les régions boisées ; les changements de saison (mars et avril, au Gabon et sur la côte) sont surtout la saison des pluies dangereuses ; mai, juin, juillet composent la saison sèche, qui n'est rafraîchie que par quelques orages.

SÉNÉGAL ET SOUDAN

La colonie du Sénégal et du Soudan français comprennent un immense quadrilatère limité au Nord, vers le pays des Maures, par le 21e 20 de latitude (au delà du cap Blanc) ; à l'Est par les États d'Ahmadou, placés sous notre protectorat, le Ségou, les États de Thiéba et de Samory (sous notre protectorat), les États de Kong (sous notre protectorat), le Bondoukou ; au sud, vers nos établissements de la Côte d'Or (Grand-Bassam, Assinie), et de la Côte d'Ivoire, par le golfe de Guinée, du Tanoë à la rivière Cavalley ; les possessions anglaises de la Gambie et de Sierra-Leone, la Guinée portugaise et le Liberia forment quatre enclaves sur notre côte occidentale.

Le Sénégal, noyau de nos possessions, doit son nom au fleuve sur le cours duquel nous avons établi notre domination par de nombreux postes fortifiés. Par cette grande artère commerciale, nos soldats continuent leur marche vers l'intérieur. Dans le bassin du fleuve se trouvent d'épaisses forêts où se rencontrent le tamarinier, le gonatier et le gigantesque baobab. Le sol fertile des vallées se prête à toutes les cultures ; sur les bords des cours d'eau, des bambous d'une hauteur prodigieuse ; sur les plateaux brûlés par le soleil, la végétation est nulle ou maigre, des buissons rabougris d'acacias gommiers et de mimosas.

Climat. — L'année se divise en deux saisons, la saison sèche, de décembre à fin de mai, pendant laquelle il ne tombe pas une goutte d'eau, et la saison pluvieuse, pendant laquelle les rivières se remplissent et débordent. La vie végétative reprend alors et devient rapidement luxuriante, c'est la mauvaise saison pour l'Européen, la chaleur y est lourde et humide.

Productions. — Les fauves sont représentés par le lion sans crinière, la panthère, le chat-tigre, le guépard, le lynx, dont les peaux constituent un article de commerce important. Les éléphants autrefois nombreux sont refoulés dans le haut pays ; le long des Rivières du sud, ils vivent en troupes nombreuses. C'est au Sénégal qu'on trouve cette espèce de sanglier appelé phacochère. L'hippopotame, le crocodile, le lamentin habitent les cours d'eau du Soudan occidental. Les singes sont très nombreux dans ses forêts : le genre antilope présente aussi un grand nombre d'espèces ; le bœuf-zébu dans les vallées du Sénégal et au Cayor. Le cheval dans le Haut-Niger et le Kaarta, l'âne, le mouton, la chèvre sont des richesses du pays.

Les oiseaux sont aussi abondants et variés que les mammifères : l'autruche, qui y devient rare, les pintades, les perdrix, les gélinotes, les cailles, l'outarde ; parmi les échassiers, les marabouts, les pluviers, les vanneaux, les grues, les hérons, les cigognes, etc., les buses, les faucons, les canards ; des grimpeurs et des passereaux de toutes sortes.

Productions végétales. — A la limite du Soudan croît l'acacia gommier dont la sève ou gomme a été ou est encore l'une des principales productions de ce pays. Le cotonnier pousse dans toute la vallée du Sénégal ; il en est de même du riz, du tabac, du maïs, du caféier.

Richesses minérales. — Le fer existe en grande abondance dans le Soudan occidental et l'or dans le bassin de la Falémé et sur les bords du Niger.

Population. — En dehors des Européens, les habitants de nos possessions sénégalaises se divisent en trois races :

La race blanche, Berbers et Arabes.

La race Poule, race d'hommes d'un brun rougeâtre aux traits presque européens, appelés Fellah, Fellatah, Fellan.

La race noire, comprenant plusieurs variétés. Beaucoup de nègres sont encore esclaves, tous sont dans un état de civilisation très inférieure...

Depuis 1854, cette colonie est considérablement développée : on a construit des ports, des routes, des télégraphes, des phares, des écoles, des casernes. A Saint-Louis, la capitale, existent une banque, une imprimerie, un journal, des écoles où les enfants des chefs indigènes sont élevés aux frais de la Métropole. En avril 1883, nous construisons un fort à Bamakou sur le Niger à 1,000 kilomètres de Saint-Louis auquel il est relié par un télégraphe. Un chemin de fer relie aussi Dakar à Saint-Louis et deux petites canonnières à vapeur portent le drapeau français sur le haut Niger ; elles ont dépassé Timbouctou. Les messageries de Bordeaux au Brésil passent à Dakar le 14 et le 20 de chaque mois. La colonie possède un Conseil général et est représentée au Parlement par un député.

IMPORTANCE COMMERCIALE DES COLONIES

Ce n'est que sous Colbert que les colonies françaises commencèrent à avoir une certaine importance commerciale, par leurs relations avec la Métropole : le Canada devenait une grande colonie ; les petites Antilles et la partie occidentale d'Haïti étaient colonisées par des Français. Saint-Louis s'élevait au Sénégal ; plusieurs comptoirs se fondaient sur la côte de l'Inde.

La France était l'une des grandes puissances coloniales. Colbert, conformément au régime commercial d'alors, créait de grandes compagnies de commerce, les dotait de monopoles et de privilèges considérables, telles la Compagnie des Indes orientales et celle des Indes occidentales.

Par la guerre de la Succession d'Espagne, puis plus tard, par la guerre de Sept ans, nous perdîmes le Canada, la Louisiane, une partie des Antilles, et nous renoncions à l'Empire des Indes qu'avaient commencé à fonder Dumas et Dupleix.

Néanmoins, dans la deuxième moitié du xviii siècle, les Antilles françaises sont dans un grand état de prospérité, grâce au développement de la consommation du café et du sucre. En 1788, l'importation coloniale en France est de 218 millions, et l'exportation de France aux colonies de 76.

Après 1789, nos colonies furent ruinées par les troubles intérieurs aussi bien que par les guerres de la Révolution et de l'Empire Anglais s'emparent de ce qui nous reste dans l'Inde, pui Antilles et de Maurice.

Après la paix générale, la France recouvre une partie colonies, mais tout est à créer ; en 1822, le commerce colo... la France est d'une vingtaine de millions.

La Restauration avait établi un régime, sorte de contrat bilat appelé pacte colonial, qui d'une part n'admettait dans les colo que les produits manufacturés de la Métropole, et d'autre part li litait en France le placement de leurs denrées.

En 1816, les sucres étrangers subissaient une surtaxe de 33 0/0, aussi n'entraient-ils en France que pour 2 millions et demi et les sucres coloniaux pour 50.

Sous cette influence, la fabrication du sucre de betterave se développait et allait bientôt rudement atteindre celle du sucre colonial.

En 1845, son importation était encore de 102 millions.

En 1848, après l'émancipation des esclaves, la production sucrière baissa de moitié pour se relever à 126 millions en 1863.

En 1860, par le traité de commerce signé avec l'Angleterre, la France abandonne le système prohibitif ; le pacte colonial est défait par la loi de 1861, et l'importation des sucres étrangers s'élève de 60 à 133 millions en 1864, et à 145 en 1881 ; la production du sucre indigène raffiné étant de 396 millions, celle du sucre colonial de 76 millions, les Colonies ont donc cessé d'avoir le monopole de la fourniture du sucre qui était la source principale de leurs richesses, par suite du progrès immense de la fabrication du sucre de betterave en France ; d'autre part l'esclavage, aboli, ne fait plus tache sur notre civilisation et la liberté commerciale accordée aux colonies a considérablement augmenté leurs relations étrangères.

D'après M. E. Levasseur, le commerce total de nos colonies en 1883 (sans l'Algérie et la Tunisie) aurait été de 480 millions. Ajoutons à cela, qu'en 1881 le commerce spécial de l'Algérie avec la France et l'étranger a été de 380 millions.

N'oublions pas qu'il y a d'autres colonies qui ne coûtent rien à la Métropole ; ce sont les groupes formés par ses enfants dans les pays étrangers, colonies ou autres. Ils y répandent la langue, le goût, les mœurs de notre pays et étendent ses relations commerciales.

L'Allemagne doit à ses essaims d'émigrants (près de 2,000,000 aux États-Unis), une partie du développement commercial qu'elle a pris depuis une quinzaine d'années.

Dans les conditions actuelles du commerce lointain, avec cette concurrence acharnée de tous les instants entre les nations, il faut que le commerce soit vigilant, entreprenant, qu'il saisisse toutes les occasions de satisfaire aux besoins de la consommation, aux caprices et par suite aux changements de la mode ; pour cela, il doit avoir de nombreux représentants dans toutes les régions du globe, pour lutter incessamment contre ses concurrents. La France est-elle dans ce cas ? Y a-t-il assez de Français commerçant à l'étranger ? Pourra-t-elle augmenter ou seulement maintenir son commerce extérieur actuel qui est encore, en dehors de celui de nos colonies, de : 182 millions pour l'Afrique, 42 pour l'Océanie, 386 pour l'Asie, 1,453 pour l'Amérique ?

En tout plus de deux milliards ?

Notre patriotisme nous défend d'en douter, mais il faut qu'on le sache ; pour que notre chère France reprenne son rang parmi les grandes nations du monde, il faut qu'elle travaille sans relâche à l'extension de son commerce sur tous les marché du globe.

Pour cela, il faut qu'elle ait *au moins des escales, des refuges, des dépôts de charbon, dans tous les points du globe*, c'est une nécessité *pour le jour où une guerre européenne* pourrait mettre en danger l'une quelconque de nos possessions ; comme nous l'avons déjà dit, assurons-nous un passage libre, aussi bien pour l'Extrême-Orient que pour le Pacifique ! Que des communications rapides et régulières relient nos colonies entre elles en même temps qu'à la Métropole ! Quelques-unes auraient besoin de ports et de chemins de fer pour développer leurs richesses naturelles ; ce sont là des dépenses qui doivent devenir productives ; l'État du reste peut y aider par des subventions, des concessions de territoire. Quant à l'organisation, que doit-elle être ?

D'une façon générale, nous sommes pour le système des protectorats, mais nous pensons que les différences si profondes qui existent, entre les races, les mœurs, les climats des diverses colonies doivent entraîner aussi, suivant que leurs affinités avec nous sont plus ou moins fortes ou avancées, et selon les circonstances, des différences dans leur administration et dans leurs rapports avec la Métropole. Ainsi notre souveraineté doit s'exercer différemment au Tong-king et à la Réunion ! Mais, partout, il nous faut des résidents dévoués par-dessus tout aux intérêts nationaux, comprenant leur importante mission par rapport à ces mêmes intérêts et connaissant à fond notre pays, ses tendances, ses besoins commerciaux, les rivalités et les intrigues qui peuvent se produire contre l'influence de la France, sous quelque rapport que ce soit. Alors, de tels résidents aideront et favoriseront nos nationaux dans leurs entreprises commerciales, industrielles ou agricoles, et ceux-ci, à leur tour, par l'ensemble de leurs influences particulières, maintiendront et augmenteront la prépondérance de la mère-patrie sur toutes les parties de son domaine colonial.

A. JACQUEMART.

Paris. — Typographie GASTON NÉE, 1, rue Cassette. — 2497.

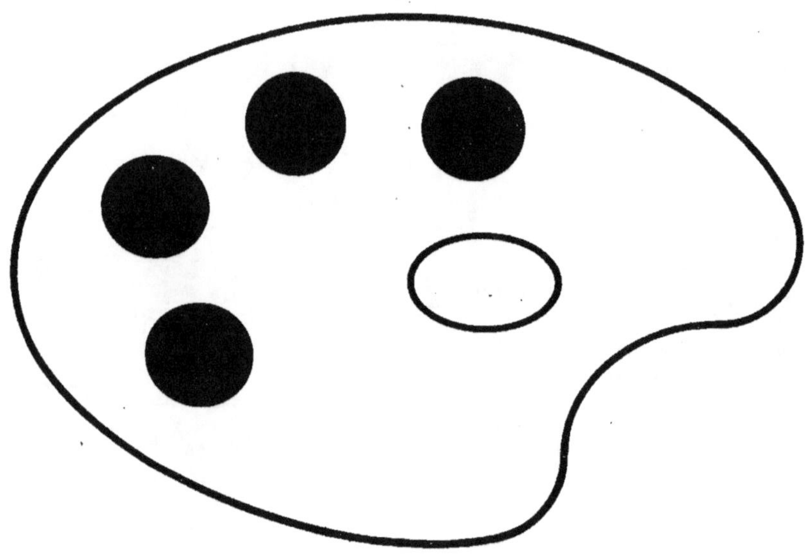

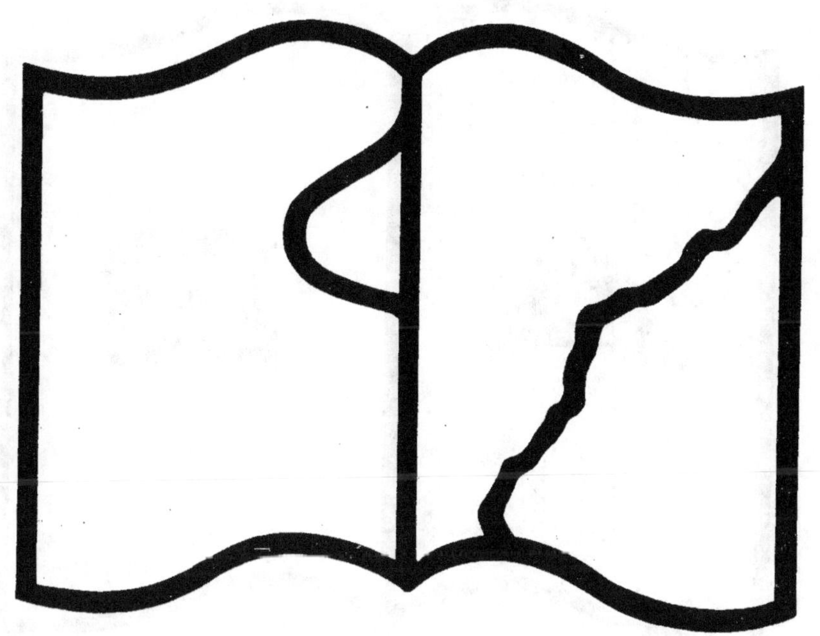

Texte détérioré — reliure défectueuse

NF Z 43-120-11

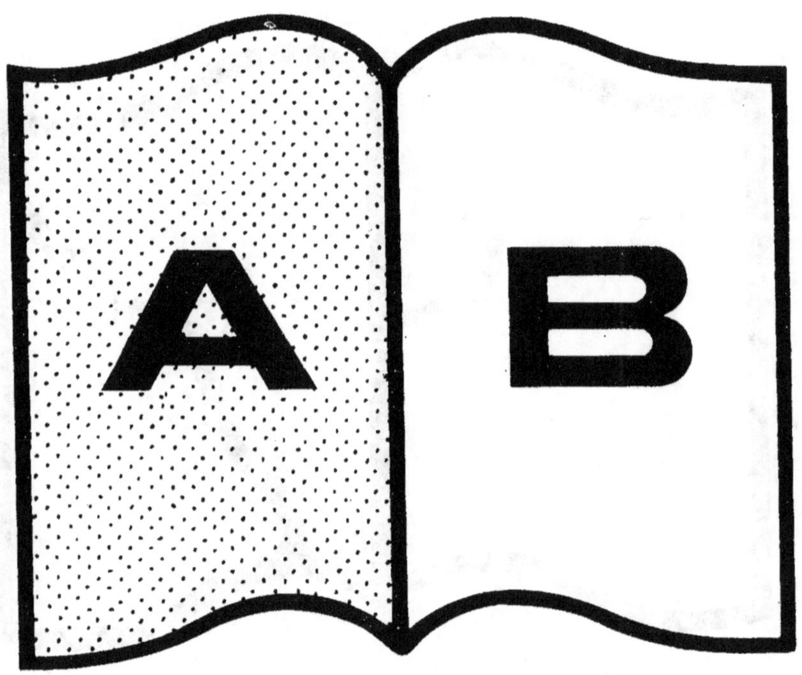

Contraste insuffisant

NF Z 43-120-14